复杂地形区域的
风环境大涡数值模拟研究

沈 炼 韩 艳 蔡春声 邓舒文／著

西南交通大学出版社

·成 都·

图书在版编目（ＣＩＰ）数据

复杂地形区域的风环境大涡数值模拟研究 / 沈炼等
著. 一成都：西南交通大学出版社，2023.10
ISBN 978-7-5643-8513-2

Ⅰ. ①复… Ⅱ. ①沈… Ⅲ.①风 – 数值模拟 – 研究
Ⅳ. ①P425.5

中国国家版本馆 CIP 数据核字（2023）第 199868 号

Fuza Dixing Quyu de Fenghuanjing Dawo Shuzhi Moni Yanjiu

复杂地形区域的风环境大涡数值模拟研究

沈 炼 韩 艳 蔡春声 邓舒文 / 著

责任编辑 / 王 旻
特邀编辑 / 孟苏成
封面设计 / GT 工作室

西南交通大学出版社出版发行

（四川省成都市金牛区二环路北一段 111 号西南交通大学创新大厦 21 楼 610031）
发行部电话：028-87600564 028-87600533
网址：http://www.xnjdcbs.com
印刷：成都蜀通印务有限责任公司

成品尺寸 185 mm × 240 mm
印张 10.25 字数 187 千
版次 2023 年 10 月第 1 版 印次 2023 年 10 月第 1 次

书号 ISBN 978-7-5643-8513-2
定价 58.00 元

随着国民经济的发展与人们生活水平的不断提高，越来越多的人开始关注复杂地形位置的风环境，不管是在人口密集的城区还是在人烟稀少的山区，风环境都和当地人们的生活、生产有着密切关系。然而，这些地区由于地形复杂多样，风场在水平及高度方向分布明显不均匀，具有显著的非定常特性，脉动作用相比于无突兀建筑物的平原、洋面地区更显突出。为对这些复杂地形区域风场进行精细化数值模拟，本书对复杂地形区域风场数值模拟研究中的几何模型、入口边界条件和城市冠层阻力模型等相关问题进行了深入研究，其相关工作主要包括以下几个方面：

（1）对目前复杂地形风环境数值模拟进行了综述。结合目前复杂地形风环境数值模拟的研究现状，对其研究过程中的湍流模型、几何建模、入口和下垫面边界条件等问题进行了文献综述。总结了前人的研究成果并指出了目前研究的不足，最后提出了解决现有不足的相应对策。

（2）建立了复杂地形 CFD（计算流体动力学）模拟的高效建模流程。对复杂三维模型建立的地形数据提取、地形曲面裁剪、曲面逆向拟合和地物对接等手段进行了研究，给出了复杂地形模型计算域高度的选取原则，并分析了入口距离对目标风场的影响。

（3）提出了基于谐波合成法的大涡模拟入口脉动风场生成方法。以脉动风场的功率谱、相关性、风剖面等为参数，运用谐波合成法生成了满足目标风场湍流特性的随机序列数。基于 FLUENT 软件平台进行二次开发，将生成的随机序列数与大涡模拟的入口边界进行无缝对接；建立了两种模拟脉动风场的数值风洞，一为没有任何障碍物的空风洞，其入口边界（脉动）风场用谐波合成法生成；二为与真实风洞一致的尖劈粗糙元风洞，其入口边界为平均风场，通过对比两种数值风洞验证了所提脉动风场生成方法的准确性和优越性。

（4）提出了基于（Weather Research and Forecasting）的大涡模拟入口平均风场生成方法。基于中尺度气象软件 WRF，利用降尺耦合的方法获取了山区峡谷入口处的中尺度速度场；将该速度场按地形起伏状况进行分块，并建立各块平均风场随空间位置变化的多项式；利用该表达式借助（User Define Function）程序生成大涡模拟的入口边界。该方法较好地解决了"人为峭壁"现场引起的入口不合理问题，并成功运用到实际峡谷桥址处的风速、风向角、风攻角等风场参数的预测，其结果与现场实测结果吻合良好。

（5）建立了一种模拟实际山区地形风场的入口输入方法。在数值模拟入口相对应的实际位置建立了风速监测系统，实测脉动风时程并对其进行谱分析，根据山区功率谱相等原则，将监测的山区脉动风与平均风综合考虑后用谐波合成法生成了满足实际山区风场特性的大涡模拟入口边界，并对其进行了多工况模拟，得到了山区峡谷桥址处的详细风场分布情况。

（6）修正了沿高度方向分布的城市冠层阻力模型，将该模型运用在长沙梅溪湖小区并对其风环境进行了超越概率评估。首先基于 Brown 和 Santiago 等人的风洞试验，在考虑平均动能、湍动能、亚格子湍动能和耗散等因素影响后，对不同建筑密度的城市冠层阻力系数沿高度方向进行了修正，提出了修正公式。然后将所提出的修正公式通过自编程序成功运用到了长沙梅溪湖小区的风环境研究中，并对其进行多工况数值模拟，得到了小区内部的详细风场分布情况。最后结合长沙地区风速的统计参数，利用 Willemsen 评估标准从定量的角度对梅溪湖小区内部风环境的人行舒适度和危险度进行了超越概率分析。

作　者
2023 年 5 月

目　录
CONTENTS

第 1 章

绪 论

1.1　研究背景与意义

　　山区和城市等复杂地形具有共同的复杂地表，可采用类似的研究手段和方法进行研究，故取山区和城市等复杂地形作为本书的研究对象。

　　对山区而言，特别是山区峡谷位置，随着西部大开发政策的逐渐实施，越来越多的大跨度桥梁应运而生，其中，较为典型的有北盘江特大桥、四渡河特大桥（图 1.1）、矮寨特大桥和澧水特大桥等。这些大跨度桥梁的建成使得天堑变通途，给社会带来了显著的经济效益。然而，山区地形起伏大、地貌多样、风环境极为复杂，与平原地区相比有很大差别，通常使用的各向同性地貌条件对风场特性的描述不再适用。山区桥址风场受周边山体地形影响，有显著的非定常特性，紊流风引起的风致振动问题相比于跨江、跨河桥梁更显突出。这些因素使得位于山区峡谷之中的斜拉桥和悬索桥的设计风速、风攻角和紊流度等指标成为设计首要解决问题。而目前对该类地形的风场特性相关研究还相对薄弱，各国的抗风规范仅适用于平坦地貌各向同性风场条件，对山区峡谷风场少有明确的具体量化规定，以现有有限的研究成果还难以提炼出规范性的指导条文。因此，这一系列问题使得山区峡谷风场研究水平还难以满足大跨桥梁抗风的设计需求，亟须加以解决。

图 1.1　山区峡谷桥梁

在城市地区，人行高度风环境的优劣直接关系人们生活品质的好坏，对人们日常生活生产起着重要的作用，如图 1.2 和图 1.3 所示。良好的风环境可以改善行人高度风环境舒适性，提高城市居民户外活动的积极性，为人们的健康提供保障。目前，随着城市建筑高度与密度的不断增加，城市小区内部风环境愈加复杂，由高耸建筑物排列不当引发的行人高度风环境不舒适和危害屡见不鲜。1972 年，英国朴次茅斯市一位老人在一栋 16 层大厦的拐角处被大风刮倒，导致颅骨摔裂死亡[1]；1982 年 1 月 5 日，纽约曼哈顿一位 37 岁的女经济学家在世贸中心塔附近一栋 54 层建筑的广场前被风刮倒致伤[2]。诸如此类事故在我们身边时有发生。

图 1.2　风环境引起的不舒适性　　　　　图 1.3　污染物积聚

城市风环境也是绿色环保的重要体现。当自然通风良好的情况下，可以大大节约机械通风所消耗的能源，同时又可大大减少污染物的排放。如在不良风环境建筑物周围，夏季会增加空调的负荷，冬季又会提高采暖的能耗。与此同时，良好的城市通风也可以加速城市雾霾和污染物的扩散。由于城市地区建筑物布局不当，会造成局部的空气流通不畅，使得病毒或污染物容易积聚。目前，我国环境污染面临着严峻的挑战，提高城市通风能力，自净化能力是解决环境问题的基础，也是实现城市可持续发展的重要途径。除此之外，良好的风场环境也是城市大跨度桥梁和超高层建筑在施工和服役期的重要设计依据。对于城市地区，特别是沿海城市，复杂的风环境对城市大跨度桥梁和超高层建筑的风致振动有着重要影响，对其进行精细化研究对这些桥梁或高层建筑的风致灾害有着积极的预警作用。正因如此，城市风环境在国外已经引起了较高重视，并进行了持续的科研投入，如美国的 Urban 2000[3]，Joint Urban 2003 计划[4]，欧洲的 Uwern 城市天气计划[5]和 COST 计划[6]等，我国先后也在一线城市设立了重点基金和科技支撑项目，力求为城市的规划建设提供依据。

总之，山区与城区复杂地形风环境与我们日常生活紧密相关，具有重要的研究意义。

1.2 国内外研究现状与分析

在现有复杂地形风场研究中，山区风场研究主要体现在山体迎风坡的加速效应或山区峡谷桥址的风特性等问题上，城区风场研究主要体现在小区风环境舒适性和污染物扩散等方面。不管是山区还是城区复杂地形，其主要研究手段有现场实测、风洞试验和数值模拟。通过数十年的发展，现场实测和风洞试验在复杂地形风场研究中得到了广泛应用[7-29]，许多学者运用该类手段对其进行了大量研究，其研究成果不仅成功捕捉到了复杂风场的流动特性，也给后续研究提供了宝贵的参考资料。本书的主要研究手段为数值模拟，本节针对数值模拟的湍流模型、几何建模、入口边界和下垫面参数选取等问题进行国内外文献综述。

1.2.1 数值模拟的湍流模型

近年来，伴随着计算机技术的高速发展与计算流体动力学［Computational Fluid Dynamic（CFD）］理论的不断完善，CFD 数值模拟技术得到广泛应用。由于数值模拟具有低成本、易控制、可视化、可重复等优点，使其迅速成为当今风环境研究的主要手段之一。目前 CFD 数值模拟主流的湍流模型有：直接模拟（DNS）、雷诺时均模拟（RANS）和大涡模拟（LES）。

直接模拟是直接用瞬态的 Navier-Stokes（简称 N-S）方程对湍流进行求解，求解过程不做任何简化，其优点是能得到流场的全部流动信息，但对计算机内存及计算速度要求非常高，只有少数能使用超级计算机的研究机构才能从事这类研究和计算，如美国斯坦福大学与美国航空航天局艾姆斯研究中心（NASA Ames）的联合湍流研究中心、洛斯阿拉莫斯（Los Alamos）国家实验室、法国航空航天研究院（ONERA）、德国宇航院哥廷根流体力学研究所等[30]。目前也有人[31]用 DNS 计算简单模型的低雷诺数流动问题，得到了湍流扩散机理。但对于大区域风环境研究，由于模型区域大、形状复杂、雷诺数巨大，用直接模拟的方法对其进行计算目前还无法付诸实现[32, 33]。与直接模拟相比，雷诺时均模拟的主要优点是计算量小，以目前现有的计算资源可以模拟高雷诺数的复杂运动,因此该方法近年来得到了广泛应用[34-41],但 RANS 方法也存在一些主要缺陷,如只能给出湍流运动的相对平均量,不能给出其脉动量。其次,众多的雷诺平均封闭模式中没有一个普适性较好的模型,使得 RANS 方法模拟结果的准确性较差[42-44]。

大涡模拟方法是一种发展非常迅速的模拟方法,最早由大气科学家 Deardoff[45]运用在工程领域,其基本思想是通过滤波方法将湍流分成大尺度涡和小尺度涡,直接求解湍流中的大尺度涡,而小尺度涡用亚格子模型进行封闭,该方法对非定常湍流的数值模拟具有非常大的优势。在计算资源上大涡模拟是 DNS 和 RANS 的折中,对计算机配置要求没有 DNS 那样高,相对 RANS 也能体现出更详细的脉动信息,因此近年来得到了广泛应用[46-55]。早期大涡模拟受到计算能力的限制,主要以街道峡谷为研究对象,到后来其主要研究对象为单体建筑模型[56-58]和简单的建筑群模型[59-64]。随着计算机水平的提高,目前大涡模拟已经成功运用到实际小区的数值模拟,具有代表性的有纽约[65, 66]、巴尔的摩[67]、洛桑[68]、蒙特利尔[12]、伦敦[42, 69]、中国澳门[70]等地区的小区。为了说明 LES 的优越性,也有一些学者将 LES 与 RANS 进行了对比,如 Gousseau[12]等用 RANS 和 LES 两种湍流模型对加拿大蒙特利尔市中心的污染物扩散进行了模拟,通过对比风洞试验结果,发现 LES 的计算结果要明显优于 RANS。蒋维楣等[71]总结了大涡模拟近 30 年在大气边界层研究应用的进展,指出了大涡模拟的独特模拟特性,能揭示大气湍流随机性和湍流脉动的基本规律,是目前模拟大气流动最有前景的数值方法之一。近年来,大涡模拟在近地面风场研究方面取得了巨大进展,成为当前微尺度风环境研究中最重要的湍流模型之一。基于此原因,本书也将大涡模拟作为数值模拟的湍流模型。

1.2.2   数值模拟研究尺度与地形模型获取

对复杂地形风环境进行数值模拟,其计算理论与方法研究一直是学者们关注的重点,并已取得大量成果。相比于理论与方法,建模技术的针对性研究却相对薄弱,没有受到研究者的重视。在一个复杂 CFD 模型计算过程中,特别是建筑领域,模型建立工作占了整个工作量的很大一部分,是影响研究周期最为关键的问题之一,本节将对复杂地形模型建立过程中的研究尺度和建模方法进行论述。

1. 研究尺度

小区风环境是城市大气环境的组成部分,在高度方向,城市大气边界层可分为城市冠层、粗糙子层、惯性子层和近地层[53]，如图 1.4 所示。而与人接触最为密切的区域为离地面几米高度的空间范围。因此，小区风环境主要研究对象为城市冠层内的空气流动。

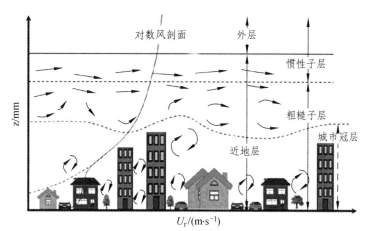

图 1.4　城市冠层示意图

在空间尺度上，大气环境尺度又可以分为全球尺度、区域尺度、城市尺度和微尺度。其中，微尺度区域又包含小区尺度、街道尺度和单体建筑尺度[72]。全球尺度是指整个地球尺度，研究的主要目的是针对全球气候问题，如臭氧空洞、温室效应等。区域尺度是指包括城市在内的数百千米范围区域，属于中尺度范畴，目前已广泛应用在气象领域。城市尺度一般在 10 ~ 20 km，与区域尺度一样，主要应用于城市气象研究[72]。"街道峡谷"尺度一般在 100 ~ 200 m，目前大量的学者对其高宽比[73]、地面加热[74, 75]、入流边界[76]和街道布局[77]等问题进行了研究，取得了大量的成果[78-83]。单体建筑的尺寸一般在数十米，随着现在建筑水平的提高，也出现了一些上百米的单体建筑，目前对单体建筑的风场研究主要以室内通风和高层建筑的结构稳定性居多。

小区尺度一般是指跨度范围在数千米的区域尺度，而随着城市规模的发展，小区尺度的范围也在逐渐增大，典型代表地区有城市居民小区和人口密集的中央商务区（CBD），这些区域人口集中，是居民生活和工作的主要场所，直接受环境污染的影响，对其风环境研究显得尤为重要。相比小区以上尺度研究，小区尺度能使网格分辨率达到相对较小的量级，足以精细得到模拟区域内的详细流场信息；相比小区以下尺度研究，小区尺度能得到更全面的人居风环境信息，能方便处理入口边界特性，提高入口边界精度，因此，本书在空间尺度上以小区尺度作为研究对象。

2. 复杂地形模型获取研究现状

对于复杂地形的几何建模，地形与地物是主要的自然要素，对其进行科学的表达与分析一直以来是地理与测绘学科的研究热点。许多研究者[84]在实际研究过程中对该问题做了很大程度的近似。如将下垫面地形近似为规正平面，建筑物则为排列整齐的方形建筑，一般用三维 CAD 进行拉伸建立，这种处理方法对实际问题做出了很多简化，没有考虑地形高程信息，脱离了实际，使得计算结果缺少说服力。随着遥感、数字摄影和卫星技术的快速发展，使得数字高层模型（DEM）得到了广泛应用，国内外许多学者[85-93]对其展开了大量研究。如陈玲[94]开发了一种基于空间信息的城市三维建模方法，这是一种利用测绘行业建立的数字地形图数据（DLG）和遥感影像数据（DOM）资源，来反映空间形态的三维建模方法。这种方法的弊端是需要对整个计算域进行实地测量，而实际测量工作量太大，得不到广泛应用。同时，基于高程信息的 GIS 方法被渐渐地应用在城市空间建模中[47]，为迎合复杂区域数值建模的需求，学者们开展了一系列工作，如 Cheng[95]基于 GIS 系统的数字地形和数字地面模型，通过只求解质量方程，对较大范围区域风场进行了数值模拟；季亮[96]介绍了基于 GIS 数据自动建模的思路和方法并成功运用到了实际工程。到目前为止，基于高程信息的 GIS 分析方法被广泛应用在中尺度大范围的规划分析中，但对于复杂下垫面的微尺度数值模拟研究，基于 GIS 的建模方法还无法满足精度要求。到后来，研究者们开始采用地面摄影测量的方法对地面摄取立体影像从而获得小区域的 DEM 数据，但这种方法费用较高。到最近，利用既有 DEM 数据库获取小尺度地形高程信息成为当前建模的重要手段。到目前为止，我国已经建成了覆盖全国范围的数字高程模型。比较常用的免费高精度数值地形高程数据主要有 SRTM（90 m）精度数据和 ASTERA GDEM（30 m 精度）数据。这两种地形高程数据可从美国航空航天局（NASA）的网站上免费获得，同时也可在谷歌地球（Google Earth）和空间地理数据云上获取，实践证明，目前使用的 ASTER GDEM 数据能满足实际应用的需求。

1.2.3　复杂地形风场数值模拟入口边界条件

大涡模拟的入口边界条件一般包括平均风速和脉动风速，在实际研究过程中，由于地形地物复杂多样，风场极为复杂，使得入口边界的给定尤为困难，成为困扰当前风环境研究者最为关键的问题之一[97]，本节将对目前数值模拟中平均风场和脉动风场的合理给定问题进行论述。

1. 入口平均风速

利用风洞试验或数值模拟对复杂风场进行研究，其几何模型不可能为无穷大，因此地形模型在截断位置会与风洞地板或数值模型底面存在高程差，这种高程差可简称为"人为峭壁"。这种现象会导致风洞试验中入口来流在截断位置出现流场分离或绕流现象。以往研究中，许多研究者[98]没有对该问题进行考虑，直接将整场平均风速赋给数值模拟的入口边界，这种操作会使得模拟风速在近地面过大而远离地面过小，相比于实际风场，模拟结果在计算域高度方向没有体现出梯度效应。到后来，将指数率或对数律风剖面赋给数值模拟的入口边界成为入口平均来流风速赋值的主流方法[21, 40, 41, 97, 99-101]。值得注意的是，这种方法对于平原、洋面等地势相对平坦的地方具有较好的效果，但是对于复杂山区地形，由于"人为峭壁"的影响，用指数率或对数律方法给定入口边界条件只能以某基准点为参考，一般选取模型入口处的最低点（如不是最低点，高程在参考点以下区域风速为零），这种情况给定的风速与实际情况存在较大的误差，它使得近地面风速不为零，过高地估计了峡谷风场中高程相对较高位置的近地面入口风速。因此模拟结果的准确性有待商榷。为解决"人为峭壁"问题，后来许多学者采用气流过渡段的方法对入口位置进行处理，如胡峰强[23]、徐洪涛[102]、陈政清[21]等分别采用渐变补偿段对风洞试验的"人为峭壁"进行了处理；Maurizi 等[103]也采用 1/10 的斜坡作为气流过渡段，对 14 km × 15 km 区域范围的山区地形进行了数值模拟。但其模拟过程中斜坡形式较为简单，其适用性有待验证；胡朋等[97]则用曲线过渡段对山区峡谷边界进行了处理，但这种处理会引起人为的来流风攻角。通过对已有文献的调研与分析，发现目前对复杂地形风场入口边界的给定其主观因素较强，给定结果与实际情况偏差较大，特别是"人为峭壁"问题没有得到较好的解决。因此，一系列问题的出现使得复杂地形风场的研究进展缓慢。

近年来，随着气象预报模式的快速发展，中尺度模式与 CFD 软件的耦合方法得到了广泛应用，这也给复杂地形风场入口边界的合理给定带来了曙光。多尺度耦合数值模拟的思想是将计算对象按照研究范围大小分为全球尺度、区域尺度、城市尺度和微尺度[40, 72]，大区域尺度流动采用中尺度大气模式计算，微尺度流动则采用 CFD 进行模拟。将中尺度大气模式计算结果作为微尺度 CFD 模拟计算域的侧向边界条件。利用这种方法得到的平均风场其合理性在于：① 入口剖面形式更为合理；② "人为峭壁"得到了较好解决。中尺度模拟可以利用卫星数据资料对目标位置的风场进行直接模拟，将模拟出来的风速通过降尺插值后赋给大涡模拟的入口边界,通过这种方式获得的入口平均风相比以往凭经验给定的平均风其合理性与科学性具有明显提升。而在实际操作过程中,中尺度模式的分辨率达数百米,对山区陡峭峡谷地区直接模拟容易出现积分溢出[39],因此单纯的中尺度模式不能对山区峡谷桥址处的风场进行详细分析。需要与微尺度 CFD 进行耦合,耦合过程中,由于二者的网格分辨率不一样,存在大尺度到小尺度的过渡,该过程需要通过插值来实现。在插值过程中可以人为地将近地面风速赋零,从而较好地解决了人为峭壁问题。目前,国内外不少学者对 WRF 与 CFD 软件的耦合模式进行了探索[38, 69, 104-111],如 Baik 等人[38]用 RANS 模型与中尺度模式进行了耦合,研究了首尔的大气流动和污染物扩散;刘玉石等[104]用 WRF 与 LES 进行耦合对北京某小区交通污染进行了多尺度分析,取得了不错的成果;Xie[69]指出了 LES 和中尺度气象模式耦合是城市小区数值模拟发展的方向。通过数年来的发展,WRF 已经成功运用在风能资源分析、城市小区污染扩散、物理参数化方案等领域[106],但对于山区峡谷风场的针对性研究目前还未见其报道。

2. 入口脉动风速

对于复杂山区风环境研究,多尺度耦合的入口边界需要耦合平均速度、湍流特性等参数。其中对于平均速度,下一尺度的数值可以根据上一尺度插值得出,插值过程中必然存在一些误差,但基本能满足要求。而对于入口边界湍流特性的给定方面,由于大尺度和小尺度网格分辨率不一致,使得其湍流特性必定存在差异,目前还很难通过降尺插值直接得到其湍流[62, 104, 112],如何得到合理的湍流信息,也是目前广大研究者对微尺度风环境研究重点关注的问题。

对于湍流信息的给定,最为简单的是在入口直接设置,给定一个定值紊流度,但这种考虑会使得脉动风场在整个计算域都各项同性,没有在高度和展向方向体现出差异,从而与实际情况存在较大的差异。为了得到更为合理的湍流入口,Hanna 等人[61]在考虑脉动时间松弛的基础上,假设顺风方向和垂直方向的脉动均方根和平均速度有不同的比例,提出了一种简单的各向异性湍流生成方法,生成了随机正态序列数;Xie 和 Castro[113]用雷诺应力的垂向分布构造出了脉动速度分量,得到满足湍流基本特性并具有雷诺应力的信息脉动量。崔桂香[61]对这两种方法进行了评价,指出"Hanna 和 X&C 的方法不能很好地用在光滑壁湍流边界层中,但在粗糙壁面的湍流边界层计算过程中会有不错的效果,在耦合边界处的湍流脉动的精确度不会影响最后计算结果,其主要原因是粗糙元可以产生湍流，且在粗糙元的下游能自动生成不同的小尺度湍流"[114]。但作者认为，这种评价是基于在几何模型足够精细的前提下，而目前 CFD 模型里面的树木、广告牌等障碍物还无法精细模拟。相比于实际情况，利用 Hanna 和 X&C 的方法会出现不小的脉动丢失，因此，对入口湍流的合理解决还有待进一步的研究。随着大涡模拟的运用愈加广泛，越来越多的大涡模拟湍流生成方法也应运而生，这些湍流生成方法对复杂地形风场数值模拟的入口脉动给定提供了重要参考。目前针对大涡模拟入口脉动生成方法大致可以分为：预前模拟周期法、涡方法和谱合成方法[115]。预前模拟周期法首先需要建立两个计算域，分别叫作主模拟区与预前模拟区，如图 1.5 所示，将预前模拟区充分发展后的湍流赋给主模拟区，在预前模拟区内部，湍流经过计算域入口到达出口面后通过周期边界将流场信息重新赋给入口，直到生成与目标一致的湍流。

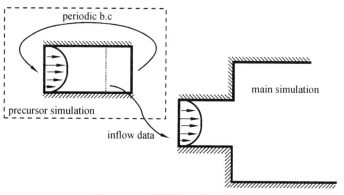

图 1.5 周期循环方法示意图

在模拟过程中，需要格外关注流场的初始化过程[116, 117]。到后来，许多研究者[55, 118, 119]利用物理粗糙元和尖劈的办法在预前模拟区域产生湍流，获得了更加真实的湍流。利用该方法的优势是模拟的湍流较为真实，但不足之处是会消耗巨大的内存和计算时间来生成匹配的数据库。

第二类方法为涡方法。Mathey 等[120]用一系列的二维随机漩涡加载到平均风场中去从而得到脉动风场。这种方法生成的脉动风场具有较好的空间相关性和湍动能信息，但不足之处是目标风场很难满足风场各向异性目标谱的要求。第三类方法为序列合成法，序列合成法[118]指通过用数学的方法生成一组满足特定风场特性的时间序列，然后将其运用在大涡模拟的入口边界。最为简单的就是对入口平均风速添加白噪声，但这种方法很难生成与目标风场一致的湍流，通过多年的努力与发展。国内外许多学者对其进行了大量研究[46, 48, 61, 113, 115, 118, 121-135]，使得谱方法合成的脉动风场在功率谱、零散度、相关性和合成效率等方面得到了不断优化与改良。目前，针对谱方法的研究主要集中在方法本身和一些小尺度模型的风致响应研究。而将这些生成方法运用在数千米计算域的微尺度上其相关报道还非常缺乏。主要原因是目前对复杂地形风场脉动特性的认识还不够，在现有的条件下还无法获得这些复杂地形位置的准确脉动风场特性，于是需要利用现场实测的手段对这些复杂地形位置的脉动风场进行监测，只有得到复杂地形的风场特性之后，才能生成与之匹配的脉动风场。因此，将现场实测和上述脉动生成方法进行综合运用可以较好地解决复杂地形脉动风场的合理给定问题。

总之，大涡模拟入口边界条件对其计算结果的精度有着举足轻重的影响，利用中尺度与微尺度耦合插值来获取平均风速是大涡模拟平均风场合理给定的发展方向。对于脉动风速，将大涡模拟湍流生成方法与现场实测相结合来生成湍流入口风场是未来的发展趋势。

1.2.4　复杂地形风场数值模拟下垫面阻力模型

复杂地形风场数值模拟除入口边界条件外，复杂下垫面模型也对计算结果的正确性起着非常重要的作用。特别是对高耸建筑群内部，由于复杂的地物环境，使得建筑群内部风场脉动剧烈，对其准确模拟变得尤为困难。在全球尺度和中尺度大气环境的实际模拟过程中，一般将其下垫面进行参数化处理[136]（如建筑模型采用 Moin-Obuhov 模型[137]，零平面位移高度、粗糙高度和阻力系数的取值按经验给定[138, 139]）。但对于微尺度而言，其研究目的是得到小区内部的详细流场信息，如按照中尺度一样采用 Moin-Obuhov 模式对其进行参数化处理则精度达不到要求。因此，在微尺度的实际操作过程中，必须考虑建筑物、树木等障碍物对流场的影响，最为理想的状况就是在建模过程中将下垫面所有特征全部精细化建立，但以目前的计算机资源和测绘手段还很难实现。

为了对城市下垫面模型进行准确模拟，已有不少学者[68, 136, 140-146]对其进行了探索。例如，王宝民[35]和张楠[136]利用多孔介质模型对复杂城市下垫面风环境进行了研究。但在其研究过程中多孔介质模型的压降和孔隙率选取主观因素较大，没有在水平和高度方向体现出差异，使得与实际冠层模型相比存在较大偏差。也有学者[62, 147, 148]将城市冠层模型利用曳力等效，通过改变源项的方法将阻力模型考虑到动量方程中去，其中曳力大小受到来流风速、城市建筑密度、建筑物迎风面积和阻力系数等参数的影响，特别是对于实际小区模型，其阻力系数的正确选取是准确模拟的关键，也是目前数值模拟的难点问题。许多学者[114, 149]将阻力系数等效为常数对城市复杂建筑群进行了分析，没有考虑建筑密度和高度对阻力系数的影响，使得其与实际情况存在较大的偏差。为解决该问题，Cheng & Castro[124]利用风洞试验，对建筑物覆盖面积为 5 cm × 5 cm 的立方体进行了风洞试验并对其阻力系数进行了分析。Santiago 等[143]则提出了不同覆盖面积建筑群沿高度方向阻力系数的修正值；Hagishima 等[150]利用风洞试验对不同高度、不同建筑覆盖面积的63 种城市模型进行了分析，总结了不同形态下城市模型的阻力系数分布情况。这些研究虽然得到了不同建筑密度、不同高度的阻力模型，但是作为人居活动最为密切的近地面区域，由于风速较小，如果不考虑湍流作用，其阻力系数将非常大，与实际情况存在明显的偏差。为了对该问题进行改进，Lien[151]将湍动能与平均动能同时考虑到阻力系数的提取过程并对其进行了修正；Martilli 等[142]也用数值模拟的方法考虑湍动能和 DKE 对阻力系数的影响后得到了阻力系数沿高度方向的分布情况。这些方法相比以前其考虑因素更加全面同时也具有较高的精度，但是依然没有给出人居活动最为密切的近地面阻力系数，因此阻力系数在近地面的分布情况相关研究还非常缺乏。同时，考虑湍动能对阻力系数进行修正的各项研究中[151]，均是以雷诺时均方法实现的，而目前用雷诺时均方法得到的阻力系数，由于其时均化过程不可避免地会出现脉动信息的丢失，其结果会存在一些偏差。因此，对城市冠层阻力模型的实际等效问题并没有得到实际解决。

总之，对数值模拟的几何模型、边界条件和下垫面的模拟一直都是 CFD 研究的关键问题，经过长时间的发展，这些问题在计算精度和计算效率方面取得了许多进展，但相比于实际情况，其精度问题还没有得到完全解决，还需要广大研究者在日后付出更多的努力去实现。

1.2.5 复杂地形风环境数值模拟研究领域存在的不足

目前对复杂地形风环境数值模拟研究已经取得了许多成果，但是一些结论尚需进一步验证，部分理论与方法仍不成熟，主要表现在以下几个方面：

1. 大涡模拟入口平均风场的合理给定问题

目前对复杂地形风环境研究的入口边界条件给定一般依据经验公式或主观判断，赋值一般采用整场平均或指数率风剖面。其中，指数率风剖面一般采用我国规范规定的 A、

B、C、D 4 类风场。而对于实际峡谷而言，其地形复杂，风场十分紊乱，边界层高度与指数率系数与规范所规定的 4 类风场有着明显不同。因此，以往的主观给定并不能代表风场的实际分布，运用该方法给定的入口边界其模拟结果与实际情况相比偏差较大。

2. 大涡模拟入口脉动风场的合理给定问题

在实际山区峡谷脉动风速的给定过程中，需要解决两个问题，一个是山区峡谷脉动风的提取与等效；另一个是湍流风速在大涡模拟入口处的合理输入。而目前对山区脉动风特性认识还不够，获取复杂地形脉动风场特性的手段还非常单一。同时，大涡模拟过程中合适的脉动入口边界给定问题也没有得到完全解决，特别是针对大涡模拟过程中的高频衰减和入口连续性问题还没有得到合适的处理。总之，这些问题的出现使得复杂地形脉动风场的合理给定还没有得到较好的解决。

3. 复杂地形入口边界的"人为峭壁"风速赋值问题

不论是风洞试验还是数值模拟，由于模拟的几何模型不可能无穷大，难免会对几何模型在入口处进行截断，而由于地形在截断位置的高程差使得地形模型在入口位置离风洞的地板或数值模拟的底面有一定距离，从而形成"人为峭壁"现象，使得风速在该位置赋值变得尤为困难，如处理不当，会导致入口来流在截断位置出现分离或绕流现象，使得模拟结果与实际情况相差甚远。

4. 城市冠层模型等效与阻力模型问题

城市冠层中建筑物、树木和广告牌等障碍物产生的阻力作用很难等效，合适的阻力模型需要考虑城市建筑密度、高度与建筑迎风面积的影响，而这些参数的获取尤为困难。同时，在数值模拟过程中，其湍动能耗散和近地面风速过低等问题使得对其准确模拟非常棘手。

1.3　本书研究内容

本书主要针对以上不足，对复杂地形区域风场进行精细化数值模拟，着重对复杂地形区域风场数值模拟研究过程的几何模型、入口边界条件和城市冠层阻力模型等相关问题进行研究，其相关工作主要包括以下几个方面：

1. 建立了一套复杂地形 CFD 模拟的高效建模流程

对复杂三维模型建立的地形数据提取、地形曲面裁剪、曲面逆向拟合和地物对接等手段进行了研究，给出了复杂地形模型计算域高度的选取原则，并分析了入口距离对目标风场的影响。

2. 提出了基于谐波合成的大涡模拟入口脉动风场生成方法，并将该方法应用到了城市风环境和污染物扩散等领域

以脉动风场的功率谱、相关性、风剖面等为参数，运用谐波合成法生成了满足目标风场湍流特性的随机序列数；基于 FLUENT 平台进行二次开发，将生成的随机序列数与大涡模拟的入口边界进行无缝对接；建立了两种模拟脉动风场的数值风洞，一为没有任何障碍物的空风洞，其入口边界（脉动）用谐波合成法生成；二为与真实风洞一致的尖劈粗糙元风洞，其入口边界为平均风，利用尖劈粗糙元对风场的扰动来产生脉动信息，并将两种方法的计算结果进行了对比。最后将所提方法应用到了城市风环境和污染物扩散等领域，并与常规入口边界条件作用下的结算结果进行了对比。

3. 提出复杂地形风场入口平均风速的"分块多项式插值法"

基于中尺度气象软件 WRF 利用降尺耦合的方法得到了山区峡谷入口处的中尺度速度场，将不同分辨率的速度场以近地面山区地形起伏为原则进行分块。然后利用多项式插值把模拟的中尺度风场信息在大涡模拟的入口边界进行对接；将该方法成功运用到实际峡谷桥址处并将平均风速的数值结果与实测结果进行了对比。

4. 给出了一种模拟实际山区地形风场的入口边界条件的输入方法，对澧水大桥所在峡谷风场特性的分布规律进行了分析

在数值模拟入口相对应的实际位置建立了风速监测系统，实测脉动风时程并对其进行谱分析，根据山区功率谱相等原则利用谐波合成法生成了山区入口处的脉动风场，将脉动风与平均风综合考虑后用谐波合成法生成了满足实际山区风场特性的大涡模拟入口边界，最后对不同风向角作用下峡谷风场的分布规律进行了分析。

5. 修正了沿高度方向分布的城市冠层阻力模型，并利用超越概率对长沙梅溪湖小区风环境进行了评估

首先基于 Brown 和 Santiago 等人的风洞试验，在考虑平均动能、湍动能、亚格子湍

动能和耗散等因素影响后，对不同建筑密度的城市冠层阻力系数沿高度方向进行了修正，提出了修正公式。随后将所提出的修正公式通过自编程序成功运用到了长沙梅溪湖小区的风环境研究中，并进行多工况数值模拟得到了小区内部的详细风场分布情况。最后结合长沙地区风速的统计参数，利用 Willemsen 评估标准从定量的角度对梅溪湖小区内部风环境的人行舒适度和危险度进行了超越概率分析。

第 2 章
基于大涡模拟的复杂地形计算域选取研究

几何模型是数值模拟研究的基础与载体，对于复杂地形风环境研究，其几何模型过小会影响计算结果的精度，过大则会消耗过多的计算资源，如何平衡计算域大小对复杂地形风场研究有着重要意义。为便于后续讨论，本节先对大涡模拟的基本理论进行介绍，然后分别在高度和水平方向对计算域的选取进行分析研究。

2.1　大涡模拟理论

本书数值模拟基于大涡模拟，其中亚格子采用 Smagorinsky 模型和动态 Smagorinsky 模型，本节将分别对其研究理论进行介绍[152-157]。

2.1.1　大涡模拟控制方程

LES 是一种发展非常迅速的湍流模型，最早由大气科学家 Deardoff 将其运用在工程领域，其基本思想是通过滤波方法将湍流分成大尺度涡和小尺度涡，直接求解湍流中的大尺度涡，而小尺度涡用亚格子模型进行封闭。工程领域所研究的风速一般较低，满足不可压缩流的 Navier-Stokes 方程组，不考虑浮力与科氏力的影响，每个变量都通过滤波函数分为可解尺度 $\overline{\phi}$ 和不可解尺度 ϕ'，其中，过滤后的可解尺度 $\overline{\phi}$ 的表达式为

$$\overline{\phi} = \int_D \phi G(x, x') \mathrm{d}x' \qquad (2.1)$$

其中，D 是流动区域，x 为过滤后的大尺度空间坐标，x' 为实际流动区域里面的空间坐标，$G(x, x')$ 是过滤函数。

$$G(x,x') = \begin{cases} 1/V, & x \in v \\ 0, & x \notin v \end{cases} \tag{2.2}$$

其中，V 是控制体积所占几何空间的大小，过滤后瞬时状态下的空间 N-S 方程可表示为

$$\frac{\partial}{\partial t}(\rho \bar{u}_i) + \frac{\partial}{\partial x_j}(\rho \bar{u}_i \bar{u}_j) = -\frac{\partial \bar{p}}{\partial x_i} + \frac{\partial}{\partial x_j}\left(\mu \frac{\partial \bar{u}_i}{\partial x_j}\right) - \frac{\partial \tau_{ij}}{\partial x_j} \tag{2.3}$$

$$\frac{\partial \rho}{\partial t} + \frac{\partial}{\partial x_i}(\rho \bar{u}_i) = 0 \tag{2.4}$$

式（2.3）、（2.4）为动量守恒方程和质量守恒方程，其中带横线上标的量表示过滤后的可解尺度量，τ_{ij} 为亚格子尺度应力，表达式为

$$\tau_{ij} = \rho \overline{u_i u_i} - \rho \bar{u}_i \bar{u}_j \tag{2.5}$$

为了封闭方程（2.3）和（2.4），本文采用 Smagorinsky 亚格子模型，假定 SGS 应力形式为

$$\tau_{ij} - \frac{1}{3}\tau_{kk}\delta_{ij} = -2\mu_t \bar{S}_{ij} \tag{2.6}$$

其中，$\bar{S}_{ij} = \frac{1}{2}\left(\frac{\partial \bar{u}_i}{\partial x_j} + \frac{\partial \bar{u}_j}{\partial x_i}\right)$，$\mu_t$ 为亚格子尺度的湍动黏度，表达式为 $\mu_t = (C_S \Delta)^2 |\bar{S}|$，$C_S$ 为 Smagorinsky 常数，本文取 C_S=0.17，Δ 为网格滤波尺度。

2.1.2　亚格子模型

1. Smagorinsky 模型[155]

原始的 Smagorinsky 模式是雷诺平均混合模式在大涡模拟中的推广，混合长度涡黏模式的公式可以表示为

$$\nu_t \propto u'l \propto l^2 \left|\frac{\partial \langle u \rangle}{\partial y}\right| \tag{2.7}$$

令 $l = \Delta$，在二维平均流场中，有

$$\left(\frac{\partial \langle u \rangle^2}{\partial y} \right) = 2 \langle S_{ij} \rangle \langle S_{ij} \rangle \tag{2.8}$$

将混合长度推广到三维中去，涡黏系数可以表示为

$$v_t \propto l^2 \left(2 \langle S_{ij} \rangle \langle S_{ij} \rangle \right)^{1/2} \tag{2.9}$$

令混合长度与过滤尺度相等，将平均运算改为过滤运算，亚格子涡黏系数便可以表示为

$$v_t = C_m \Delta^2 (2 \overline{S}_{ij} \overline{S}_{ij})^{1/2} \tag{2.10}$$

Smagorinsky 模式是由唯象论推出来的剪切湍流亚格子模型，隶属于耗散型，因此 Smagorinsky 和传统的湍动能耗散理论是一致的，但是它也存在一系列缺陷，如耗散过大。

2. 动态 Smagorinsky 模式[154]

为了克服 Smagorinsky 亚格子模型耗散过大的问题，对其进行了优化，引入动态 Smagorinsky 亚格子模型。动力模式由 Germano[158]提出，是通过用两次过滤的方法把湍流的局部结构引入到亚格子应力中去，并且在计算过程中调整模式系数。其中，Δ_1 尺度的过滤用下标 f 表示，g 表示 Δ_2 的过滤，且有 $\Delta_2 > \Delta_1$。假如是线性过滤，于是存在以下结果：

$$(u_i)_{fg} = (u_i)_g , \quad (p)_{fg} = (p)_g \tag{2.11}$$

上式表示两次过滤结果，过滤后只剩下了尺度为 Δ_2 的可解运动。下面分别讨论 Δ_1、Δ_2 一次过滤和二次过滤产生的亚格子应力间的关系，以尺度 Δ_1 过滤得到的可解尺度运动方程可表示为

$$\frac{\partial (u_i)_f}{\partial t} + \frac{\partial (u_i)_f (u_j)_f}{\partial x_i} = -\frac{1}{\rho} \frac{\partial p_f}{\partial x_i} + v \frac{\partial^2 (u_i)_f}{\partial x_i \partial x_j} + \frac{\partial (\tau_{ij})_f}{\partial xj} \tag{2.12}$$

其亚格子应力为

$$(\tau_{ij})_f = (u_i)_f (u_j)_f - (u_i u_j)_f \tag{2.13}$$

尺度 Δ_2 过滤后得到的可解尺度运动方程为

$$\frac{\partial (u_i)_g}{\partial t} + \frac{\partial (u_i)_g (u_j)_g}{\partial x_i} = -\frac{1}{\rho}\frac{\partial p_g}{\partial x_i} + \nu \frac{\partial^2 (u_i)_g}{\partial x_i \partial x_j} + \frac{\partial (\tau_{ij})_g}{\partial xj} \tag{2.14}$$

亚格子应力为

$$(\tau_{ij})_g = (u_i)_g (u_j)_g - (u_i u_j)_g \tag{2.15}$$

将 N-S 方程进行连续二次过滤可以得到

$$\frac{\partial (u_i)_{fg}}{\partial t} + \frac{\partial (u_i)_{fg} (u_j)_{fg}}{\partial x_i} = -\frac{1}{\rho}\frac{\partial p_{fg}}{\partial x_i} + \nu \frac{\partial^2 (u_i)_{fg}}{\partial x_i \partial x_j} + \frac{\partial (\tau_{ij})_{fg}}{\partial xj} \tag{2.16}$$

亚格子应力为

$$(\tau_{ij})_{fg} = (u_i)_{fg} (u_j)_{fg} - (u_i u_j)_{fg} \tag{2.17}$$

由于 $(u_i)_{fg} = (u_i)_g$ ，$(p)_{fg} = (p)_g$ ，对比上述过滤方程，可以得到

$$(\tau_{ij})_{fg} = (\tau_{ij})_g \tag{2.18}$$

对一次过滤后的控制方程做二次过滤，其控制方程可以表示为

$$\frac{\partial (u_i)_{fg}}{\partial t} + \frac{\partial (u_i)_{fg} (u_j)_{fg}}{\partial x_i} = -\frac{1}{\rho}\frac{\partial p_{fg}}{\partial x_i} + \nu \frac{\partial^2 (u_i)_{fg}}{\partial x_i \partial x_j} + \frac{\partial (\tau i_j)_{fg}}{\partial xj} + \frac{\partial L_{ij}}{\partial x_j} \tag{2.19}$$

其中，$L_{ij} = (u_i)_{fg}(u_j)_{fg} - [(u_i)_f (u_j)_f]_g$ 。

L_{ij} 为连续两次过滤比以 Δ_2 为尺度过滤新增的亚格子应力，可得

$$(\tau_{ij})_{fg} - L_{ij} = [(u_i)_f (u_j)_f]_g - (u_i u_j)_{fg} \tag{2.20}$$

由上述式子做二次过滤，正好与式（2.20）相等，即

$$L_{ij} = (\tau_{ij})_{fg} - [(\tau_{ij})_f]g \tag{2.21}$$

式（2.21）称为 Germano 等式，采用 Germano 等式来确定 Smagorinksy 模式叫作动力 Smagorinsy 模型，为简便表示，在 $\varDelta_1$ 过滤的可解湍流加上上标"—"，$\varDelta_2$ 过滤的可解尺度加上上标"～"，通过一次过滤的亚格子偏应力公式为

$$(\tau_{ij})_f - \frac{1}{3}(\tau_{kk})_f \delta_{ij} = 2(\nu_t)_f \overline{S}_{ij} = 2C_D \varDelta_1^2 |\overline{S}| \overline{S}_{ij} \tag{2.22}$$

其中，C_D 是取代 Smagorinsky 系数的动态系数，$\varDelta_1$ 为第一次过滤长度。

假定过滤尺度 $\varDelta_1$，$\varDelta_2$ 都在惯性子区内，择优两种尺度过滤的亚格子系数相等，即

$$(\tau_{ij})_g - \frac{1}{3}(\tau_{kk})_g \delta_{ij} = 2(\nu_t)_g \tilde{S}_{ij} = 2C_D \varDelta_2^2 |\tilde{S}| \tilde{S}_{ij} \tag{2.23}$$

由于 $(\tau_{ij})_{fg} = (\tau_{ij})_g$，把式（2.20）和式（2.23）分别代入到 Germano 等式，有

$$L_{ij} - \frac{1}{3}(\tau_{kk})_f \delta_{ij} = 2C_D[\varDelta_2^2 |\tilde{S}| \tilde{S}_{ij} - \varDelta_1^2 |\overline{S}| \overline{S}_{ij}] \tag{2.24}$$

令 $M_{ij} = 2[\varDelta_2^2 |\tilde{S}| \tilde{S}_{ij} - \varDelta_1^2 |\overline{S}| \overline{S}_{ij}]$，有

$$L_{ij} - \frac{1}{3}(\tau_{kk})_f \delta_{ij} = C_D M_{ij} \tag{2.25}$$

相比于 Smagorinsky 亚格子模型，动态 Smagorinsky 亚格子模型在湍流耗散方面具有更好的处理，因此本书在湍流要求较高部分采用动态 Smagorinsky 亚格子模型[159]。

2.2　几何模型建立与网格划分

2.2.1　几何模型的建立

对于实际复杂地形风场研究，模型的建立工作可以包括：基础地形资料的准备、地形区域的裁剪、三维模型的建立和建筑群模型的对接等内容。

1. 基础地形资料的获取

本书的地形数据提取是基于数值高程模型上进行的，数值高程模型一般包含了地物与地貌信息。它是通过离散分布的高程数据来等效连续分布的地形表面，其本质核心就是区域起伏状况的表达式。目前，DEM 已经成为数值地理空间基础设施的重要组成部分，受到了极大的关注，我国已经完成了全国范围内的 1∶100 万至 1∶5 万的 DEM，在一些重点地区的 DEM 达到了更高的精度。目前主要有 4 种途径来获取 DEM 信息，分别为：

（1）利用全站仪、GPS 等设备进行实地测量。

（2）利用数值摄影测量获取航空卫星图片。

（3）利用现有地形图采集。

（4）互联网获取。

由于第 4 种方法采集方便，无须任何费用，因此，本书采用互联网进行获取 DEM 资料。到目前为止，我国已经建成了覆盖全国范围的数字高程模型。比较常用的免费高精度数值地形高程数据主要有 SRTM（90 m）精度数据和 ASTERA GDEM（30 m 精度）数据。这两个地形高程数据可从美国航空航天局（NASA）的网站上免费获得，同时也可在 Google Earth 和空间地理数据云上获取。本书地形数据均采用空间地理数据云提供的 ASTERAGDEM（30 m 精度）数据，该软件界面如图 2.1 所示。

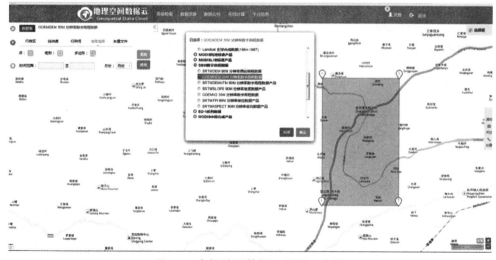

图 2.1 空间地理数据云界面示意图

2. 地形裁剪

在获取地形数据后，需要通过专业软件对地形数据进行切割、裁剪，从而获得所需要的地形文件。本书首先将高程数据从空间地理数据云中进行下载，然后在 Global Mapper 中打开[160]，利用 Digitizer tool 对其进行裁剪，将网格间距设置成 10 m（根据研究内容不同，其研究精度也有所不同）后，用 Export Elevation Grid Format 指令将裁剪好的地形模型的 DEM 格式进行保存并导出。其中，Global Mapper 的软件界面示意图如图 2.2 所示。

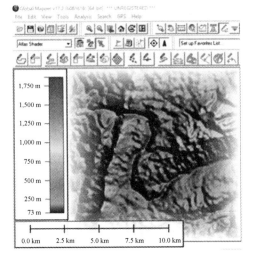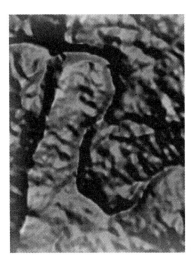

图 2.2　Global Mapper 界面示意图

3. 逆向曲面拟合

利用 Global Mapper 所得到的 DEM 格式模型是一个个的点云，并没有生成 CFD 软件可以直接利用的曲面文件，因此需要用逆向工程软件对其进行插值拟合，生成光滑的曲面文件，本文的曲面拟合用 Imageware 进行完成，其基本步骤可以分为：① 从点云建立截面点云；② 从截面点云创建曲线；③ 从曲线创建曲面；④ 检查生成曲面的质量。利用 Imageware 生成曲面后，可以将其保存为 CFD 兼容的格式备用。

4. 建筑模型的对接

对于山区风场，将第 3 步所述曲面导入 CFD 软件中就可以直接进行网格划分，但对于城市地区，存在较多的建筑物，需要将这些建筑物模型与地形模型进行无缝对接。针对该问题，可以通过专业的建模软件对其进行处理，如 Rhino、Auto CAD 等。

对上述步骤进行整合，可得到复杂风场几何模型建立的基本流程，如图 2.3 所示。

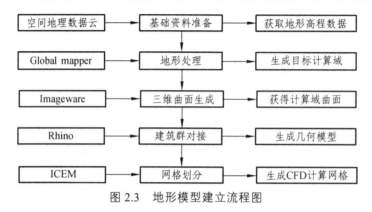

图 2.3　地形模型建立流程图

其中对不同步骤需要将几何模型的不同格式进行转化，格式转换流程可以如图 2.4 所示表示。

图 2.4　地形模型建立格式转化流程图

2.2.2　网格划分

几何模型建立后，复杂地形模型的网格生成是一个非常烦琐的工作过程，经常需要经过多次的尝试才能取得成功，目前也涌现出了多种商业网格划分软件，如 ICEM、GAMBIT、TGrid、GeoMesh、preBFC、Star CM++等。

本书的网格是基于 ICEM 平台上进行划分的，ICEM 可对几何模型进行四面体和六面体网格划分，两种网格的划分有所不同，基本操作如图 2.5，图 2.6 所示。

同时，ICEM 还可以生成混合网格，混合网格包含了四面体和六面体网格，二者的生成方法和上述步骤一致，只是将网格生成后，在连接处用 Interface 进行对接即可。本文在研究过程中，针对不同复杂程度的几何模型，这 3 种类型的网格均有采纳。

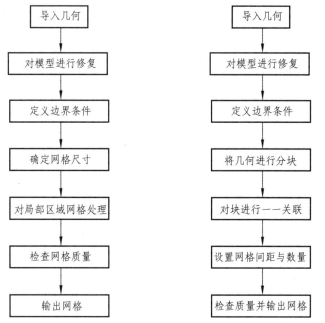

图 2.5　ICEM 四面体网格生成　　　图 2.6　ICEM 六面体网格生成

　　需要指出的是，网格划分过程中由于近地面是模拟的重点区域，因此需要在近地面进行网格加密。特别是对近地面的第一层网格，需要对其进行特别处理，近地面的第一层网格中压强梯度项一般可以忽略，总切应力近似地等于壁面切应力。同时，可以进一步将其划分为线性底层和对数层。在非常贴近壁面的计算域中，脉动速度几乎为零，因此 N-S 方程的雷诺应力项也趋向于零，在这些区域主要是靠黏性应力来控制流动，于是平均运动方程可表示为

$$\mu \frac{\partial U}{\partial y} = \tau_0 \tag{2.26}$$

　　其中，$\tau_0 = \rho u_\tau^2$，为壁面切应力；u_τ 为壁面摩擦速度。对式（2.26）进行分析可以得到近壁面黏性底层的平均速度分布，可表示为

$$\frac{U}{u_\tau} = \frac{y u_\tau}{\nu} \tag{2.27}$$

　　其中，ν 为流体黏度。式（2.27）利用摩擦速度和流体黏度对近壁面速度进行了无量纲

化，从式中可以发现，近壁面区域的平均速度随壁面距离呈线性增长趋势，用上标"+"表示无量纲化的变量，即 $U^+ = \dfrac{U}{u_\tau}$，$y^+ = \dfrac{yu_\tau}{\nu}$，于是式（2.27）可以写成：

$$U^+ = y^+ \tag{2.28}$$

近壁面平均风速呈线性分布，因此称作为线性底层，但在实际流动过程中分子黏性占主导作用，因此又称作为黏性底层。试验测量和数值模拟结果均表明，黏性底层一般存在于 $y^+ < 5$ 的近壁面区域，因此在分析近地面黏性作用较为显著的计算工况时，要严格控制计算网格的 y^+ 值。但对于大区域范围的风场数值模拟，其 y^+ 值对计算结果影响相对较小。

2.3 计算域入口距离分析

2.3.1 几何模型介绍

在 CFD 地形模型建立过程中，适当的计算域选取至关重要。在满足阻塞比要求后，如果计算域过大，将会消耗过多的计算资源。如果过小，则得不到目标建筑物周边的详细流场信息。同时，计算域大小也对流场发展有着非常重要的影响。为分析入口距离对计算域流场的影响，本节建立了 11 个 CFD 数值风洞模型。其中，数值风洞宽 2.2 m，高 2 m，立方体尺寸为 0.1 m×0.1 m×0.1 m（长×宽×高），每个立方体间距为 0.1 m，如图 2.7 所示。

以模型监测中心（$x=1$，$y=1$，$z=0.1$）为目标，对其风速进行实时监测。为保证计算精度，本书采用六面体网格对其进行划分，划分过程中，在近地面和立方体附近进行网格加密。为满足上述 y^+ 值要求，本文通过换算得到的第一层网格高度为 0.001 4 m，实际过程中采用最底层网格高度为 0.001 m。近地面网格延伸率为 1.1，远离地面处延伸率为 1.2，网格数量在满足 AIJ 和 COST[11,161]规定要求下各模型网格数量从 380 万到 840 万递增，其网格示意图如图 2.8 所示。

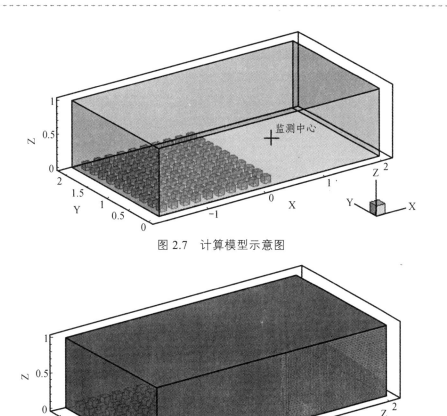

图 2.7　计算模型示意图

图 2.8　计算网格

2.3.2　边界设置与参数介绍

从图 2.9 中可以看出，不同模型具有不同的入口粗糙长度，但每个数值风洞的试验段尺寸与监测点位置保持一致。数值模拟过程中，采用大涡模拟湍流模型，入口采用 10 m/s 平均风速，地表边界条件采用无滑移边界，顶面采用自由滑移边界，侧面采用对称边界，出口采用压力出口。在求解方面，本书的 N-S 方程采用 PISO 方法进行求解，对流项和扩散项均采用二阶中心差分格式，用超松弛方法（SOR）求解压力 Poisson 方程，压力和动量松弛因子分别取 0.3 和 0.7。

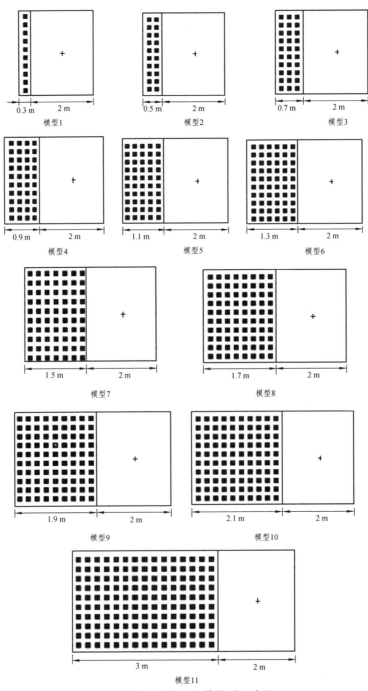

图 2.9　不同工况计算模型示意图

2.3.3　模拟结果

　　整个计算过程采用超线程多核并行计算,模型 1 到模型 11 所对应的工况分别为工况 1 到工况 11。其中, 通过计算后得到工况 10 的速度云图如图 2.10 所示, 从图中可以发现: 风速在近地面出现了较大波动, 而远离底面位置波动较小。

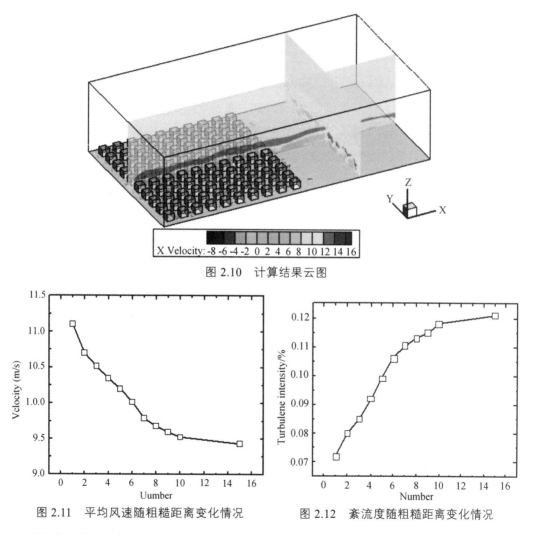

图 2.10　计算结果云图

图 2.11　平均风速随粗糙距离变化情况

图 2.12　紊流度随粗糙距离变化情况

　　同时, 对监测中心的风速时程进行分析, 得到了 11 种工况作用下的平均风速和平均紊流度分布情况, 分别如图 2.11 和图 2.12 所示。两图分别给出了不同入口粗糙长度作用下平均风和平均紊流度的分布情况。从图中可以发现：平均风速随着入口粗糙长度的增加其风速大小依次减小，说明粗糙元对风速产生了拖曳作用。在工况 1 到 10 作用下平均风速随着入口距离的增大其值变化明显，工况 10 以后，其值变化趋于平缓。说明当粗糙长度一定后，其地表粗糙状况对平均风速的拖曳作用趋于稳定。对于紊流度，其变化随着入口长度的增大而增大，说明立方体给目标位置风场带来了较大的扰动。与平均风速类似，工况 1 到工况 10 作用下，紊流度平均值随着入口距离的增大其值变化明显，工况 10 以后，其值变化趋于平缓。因此同样说明了当粗糙长度一定后，其地表粗糙度带来的扰动趋于稳定。

上述模型验证了两个问题：① 地表粗糙元会对风场产生拖曳作用，当粗糙距离足够长时，这种拖曳力会趋于平衡。② 地表粗糙元会对风场产生一定的湍流，当粗糙距离足够长时，其湍流度会趋于平衡。上述验证的前提是粗糙度长度足够长，可以将该思想转换到山区峡谷地形风场的研究中来。其中，粗糙元可用地形起伏状况进行等效，即当计算域无穷大时，地形的起伏会使得风场在特征高度内趋于稳定，但实际 CFD 数值模拟过程中计算域不可能无穷大，为了解有限的山体模型能否产生与实际情况一致的大气边界层，下节将对一实际复杂地形模型的入口距离和几何高度进行分析。

2.4　实际复杂地形计算域大小分析

2.4.1　实际地形几何模型介绍

为对实际山区复杂地形几何模型的计算域高度和入口距离进行分析，以张家界澧水大桥所在峡谷为研究背景，山体模型采用实际尺寸，计算区域大小取 10 km × 9 km × 4 km，如图 2.13 所示。同样，为保证计算精度，数值模型采用全六面体结构网格，网格在近地面进行加密，最底层网格高度为 1 m，在近地面处网格延伸率为 1.05，远离地面网格延伸率为 1.15，总网格数为 6 752 495。计算网格通过了无关性测试，如图 2.14 所示。模拟过程中，为得到山体地表对风场的影响，其入口风剖面没做任何处理，采用整场 20 m/s 的速度入口边界条件。地表采用无滑移边界条件，顶面采用自由滑移边界条件，对称面采用对称面边界条件，出口采用压力出口，如图 2.15 所示。

图 2.13　计算域示意图

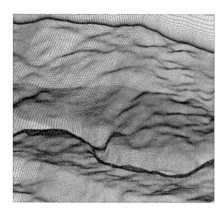

图 2.14　计算网格图

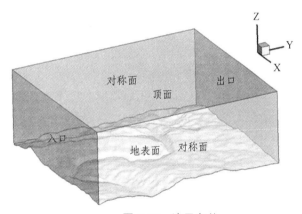

图 2.15　边界条件

2.4.2　实际地形计算域高度分析

一些学者[188]对单体建筑的计算域高度选取进行了研究，研究表明，可以将平均风压系数极差 $\Delta C_p(z)$ 作为评判计算域高度 H 的依据，对于 $\Delta C_p(z)$，其计算公式可以表示为

$$C_p = (p_i - p_\infty)/[0.5\rho v_H^2] \tag{2.29}$$

$$\Delta C_p(z) = C_{p,\max}(z) - C_{p,\min}(z) \tag{2.30}$$

其中，C_p 为测点的平均风压系数；p_i 为测点的静压；p_∞ 为计算域顶面的静压；ρ 为空

气密度；v_H^2 为参考点风速的平方；$C_{p,\max}(z)$ 和 $C_{p,\min}(z)$ 分别为 z 高度平均风压的最大值和最小值，二者的差值为平均风压系数极差。

利用公式（2.29）和（2.30）对计算域高度方向平均压力系数进行分析，得到了同一平面最大压力系数与最小压力系数之差与高度之间的关系，如图 2.16 所示。

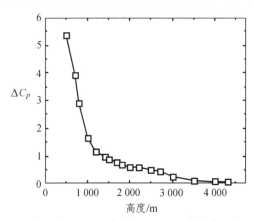

图 2.16　平均压力系数随高度变化情况

从图 2.16 可以发现，在靠近地面位置风场受地形的影响，风速波动较大，使得压力系数的最大值与最小值偏差较大。随着高度逐渐增加，风场慢慢趋于稳定，同一平面内的压力系数差慢慢变小，当高度达到 3 700 m 时，同一平面压力差趋近于零。说明此时复杂地表对风场的影响可以忽略。通过对几何模型中山体高度进行分析，发现最高山体高程为 510 m，而高度方向的风速稳定值为 3 700 m。因此在山区复杂地形 CFD 建模的高度选择方面，建议取最高山体高度的 7~8 倍。

2.4.3　实际地形计算域入口距离分析

本章 2.3 节对不同入口距离的数值模型进行了分析，其结果显示当计算域足够长时平均风速和紊流度会通过发展后趋于平衡。但在实际建模过程中受到网格数量和计算能力的限制，不可能将计算域建成无穷大。为分析实际入口距离对风场发展的影响，本节对计算域内不同位置的风场进行讨论，从定量的角度对计算域水平距离的合理性进行分析。为了对模型不同入口距离的风场进行分析，在模型里面建立了 6 个风速观测剖面，对其高度方向的风速进行观测，其监测剖面如图 2.17 所示。

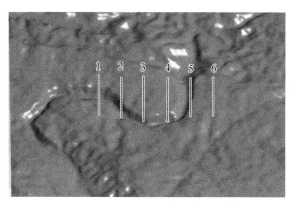

图 2.17　不同入口距离风速观测点

通过计算得到风场的速度云图如图 2.18 所示，从图中可以发现，在近地面由于复杂地表的影响，风速出现了一些波动，其最大值达到了 26.23 m/s。而远离地面处风速较为稳定，基本与入口来流风速大小持平。

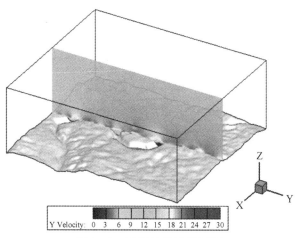

图 2.18　计算结果速度云图

对图 2.17 中 1～6 号监测位置的风速时程取平均，得到了各位置的平均风剖面分布，同时对风剖面的稳定风速高度进行分析（稳定风速高度定义为从模型底部到风速无明显变化位置之间的距离），得到了 6 个位置的稳定风速高度分布情况，平均风剖面与稳定风速高度分布分别如图 2.19、表 2.1 所示。

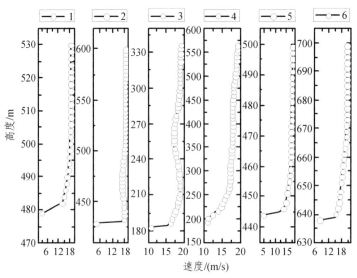

图 2.19　不同位置平均风剖面分布

表 2.1　各位置稳定风速高度汇总　　　　　　　　　　单位：m

位置	1	2	3	4	5	6
高度	18	85	150	360	32	21

　　从图 2.19 中可以发现风剖面在 3 号和 4 号位置明显偏高，其原因是这些点位于峡谷内部，因此说明了风速剖面在峡谷内部与峡谷外有着明显的不同。同时可以观察到在峡谷附近的 2 号和 5 号位置，其稳定风速高度相对较高，主要原因是该位置风场受到了峡谷风场的干扰。而 1 号和 6 号剖面，由于没受到峡谷的影响，其稳定风速高度相对较低，其高度值约为 20 m，要远远低于我国规范所述的梯度风场高度（实际梯度风场高度一般为 300～500 m）。造成稳定风速高度偏低的原因可归纳为：① 地形数据的提取、曲面逆向拟合过程都使得地形与实际情况相比存在一定的偏差；② 建模过程没有考虑树木对风场的影响；③ 计算域偏小，边界层发展还不充分。综上所述，从平均风速的角度说明了数千米的山体地形还不能产生较为合理的大气边界层。

　　为分析各模拟位置的风剖面指数率，对模拟出的风剖面进行指数率拟合，其拟合示意图如图 2.所示，各 α 值汇总如表 2.2 所示。

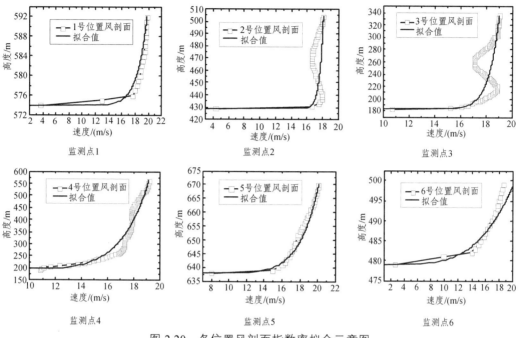

图 2.20　各位置风剖面指数率拟合示意图

表 2.2　各位置风剖面指数 α 汇总

位置	1	2	3	4	5	6
α 值	0.07	0.026	0.04	0.11	0.1	0.24

从图 2.和表 2.2 中可以发现,各风剖面的 α 值远小于我国规范所述的 D 类地表值 α 值 (0.3)。因此在 α 值上也证明了仅仅靠数千米山体起伏带来的扰动,还不能较好地模拟实际风场的梯度效应。

同时,为了更进一步说明入口距离对风场的影响,对 6 个监测剖面的 10 m 高位置湍流度进行了分析,结果如图 2.所示。

从图中可以发现 3,4,5 号位置的湍流度相对较大,主要原因是这些点在峡谷内部,相比其他位置风场更为复杂。对比图 2.10 可以发现,图 2.21 的湍流度发展到一定阶段后,并没有稳定下来,其值相比于以往研究结果和现场实测结果还是明显偏小。因此从湍流度的角度也说明了数千米的入口边界还无法产生较为理想的大气边界层风场。

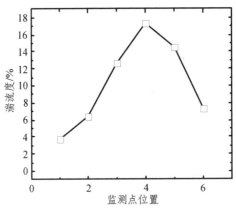

图 2.21　各监测位置 10 m 高位置湍流度分布

　　总之，不论是平均风速还是湍流度，均表明数千米的山体扰动还无法产生较为理想的大气边界层，要想对复杂地形风场进行准确模拟，须在入口位置添加合适的平均风速和脉动风速。

2.5　本章小节

　　本章首先对复杂地形模型的建模流程进行了介绍，然后对其计算域的高度选取和入口距离对风场的影响等方面进行了分析，主要可以归纳为以下几个方面：

　　（1）对本文数值模拟过程中所用到的大涡模拟控制方程与亚格子模型进行了介绍；从复杂地形高程数据的提取入手，对复杂地形三维建模的技巧进行了介绍，给出了复杂地形模型建立的基本步骤；同时结合 ICEM 软件给出了结构网格和非结构网格的具体划分步骤。

　　（2）通过对 11 种不同入口距离的数值风洞进行计算发现，地表粗糙元会对风场产生拖曳作用，当粗糙距离足够长时，这种拖曳力会趋于平衡；同时地表粗糙元会对风场产生一定的湍流，当粗糙距离足够长时，其湍流度也会趋于平衡。

　　（3）对复杂地形 CFD 模型的计算域选取进行了分析，发现计算域在高度方向尺寸可以采用最高山体高程的 7~8 倍；在水平方向，数千米复杂模型的山体起伏还不足以产生与实际情况相符的平均风场和脉动风场，对复杂地形模型进行精细化分析，须在入口处施加更为合理的平均风速和脉动风速。

第 3 章

基于谐波合成的大涡模拟入口脉动风场
生成方法研究

第 2 章证明了复杂地形数值模拟过程中需要在入口位置加入合适的脉动风场和平均风场，而目前基于大涡模拟的脉动风场给定问题还没有得到完全解决。因此，本章将对大涡模拟脉动风场的生成方法进行研究，利用经典的谐波合成法首先对其脉动风场进行合成，生成满足目标位置风场的随机序列数，然后通过自编程序对 FLUNET 软件进行二次开发，使生成的随机序列数在大涡模拟的入口位置进行无缝对接，将这种用谐波合成法生成的随机序列等效成大涡模拟的入口边界[162]。

3.1 数值理论与方法

自然风的脉动可以近似地等效为平稳高斯随机过程。经过数十年的发展，许多学者对脉动风速合成方法进行了研究[163-165]。本文脉动风场的合成采用 George Deodatis[166] 提出的经典谐波合成法，以一维三变量零均值平稳随机过程为研究实例，其自相关函数矩阵可表示为

$$\boldsymbol{R^0}(\tau) = \begin{bmatrix} R_{11}^0(\tau) & R_{12}^0(\tau) & R_{13}^0(\tau) \\ R_{21}^0(\tau) & R_{22}^0(\tau) & R_{23}^0(\tau) \\ R_{31}^0(\tau) & R_{32}^0(\tau) & R_{33}^0(\tau) \end{bmatrix} \qquad (3.1)$$

功率谱密度矩阵可表示为

$$\boldsymbol{S^0}(\omega) = \begin{bmatrix} S_{11}^0(\omega) & S_{12}^0(\omega) & S_{13}^0(\omega) \\ S_{21}^0(\omega) & S_{22}^0(\omega) & S_{23}^0(\omega) \\ S_{31}^0(\omega) & S_{32}^0(\omega) & S_{33}^0(\omega) \end{bmatrix} \qquad (3.2)$$

同时，由平稳随机过程的特点可得

$$R_{jj}^0(\tau) = R_{jj}^0(-\tau)，j = 1，2，3 \tag{3.3}$$

$$R_{jk}^0(\tau) = R_{kj}^0(-\tau)，j = 1，2，3，k = 1，2，3，j \neq k \tag{3.4}$$

其中，由 Wiener-Khintchine 关系式可得自相关函数矩阵与功率谱密度矩阵之间存在以下关系：

$$S_{jk}^0(\omega) = \frac{1}{2\pi} \int_{-\infty}^{+\infty} R_{jk}^0(\tau) e^{-i\omega\tau} d\tau，j，k = 1，2，3 \tag{3.5}$$

$$R_{jk}^0(\tau) = \int_{-\infty}^{+\infty} S_{jk}^0(\omega) e^{i\omega\tau} d\omega，j，k = 1，2，3 \tag{3.6}$$

与此同时，根据平稳随机过程的性质可得出

$$S_{jj}^0(\omega) = S_{jj}^0(-\omega)，j = 1，2，3 \tag{3.7}$$

$$S_{jk}^0(\omega) = S_{jk}^{0*}(-\omega)，j \neq k \tag{3.8}$$

$$S_{jk}^0(\omega) = S_{kj}^{0*}(\omega)，j \neq k \tag{3.9}$$

假设平稳随机过程中的三变量分别为 $f_j^0(t)$，$(j = 1，2，3)$，而平稳随机过程的模拟结果为 $f_j(t)$，$(j = 1，2，3)$，为了能较好地对原随机过程进行模拟，其功率谱密度矩阵须分解为

$$\boldsymbol{S}^0(\omega) = \boldsymbol{H}(\omega)\boldsymbol{H}^{\mathrm{T}*}(\omega) \tag{3.10}$$

式中上标 T 表示转置矩阵，上述分解可用 Cholesky 方法处理，其中，$\boldsymbol{H}(\omega)$ 为下三角矩阵：

$$\boldsymbol{H}(\omega) = \begin{bmatrix} H_{11}(\omega) & 0 & 0 \\ H_{21}(\omega) & H_{22}(\omega) & 0 \\ H_{31}(\omega) & H_{32}(\omega) & H_{33}(\omega) \end{bmatrix} \tag{3.11}$$

式中对角项是非负函数，非对角项常为复函数，对于矩阵中各元素，存在如下关系：

$$H_{jj}(\omega) = H_{jj}(-\omega)，j = 1，2，3 \tag{3.12}$$

$$H_{jk}(\omega) = H_{jk}^*(-\omega)，j = 2，3，k = 1，2，j > k \tag{3.13}$$

式（3.11）中非对角项元素也可表示为式（3.14）所示指数形式：

$$H_{jk}(\omega) = \left|H_{jk}^*(-\omega)\right| e^{i\theta_{jk}(\omega)} , \quad j = 2, 3, \; k = 1, 2, \; j > k \tag{3.14}$$

$$\theta_{jk}(\omega) = \arctan\left\{\frac{\text{Im}\left[H_{jk}(\omega)\right]}{\text{Re}\left[H_{jk}(\omega)\right]}\right\} \tag{3.15}$$

当 N 趋于无穷大时，功率谱密度矩阵 $\boldsymbol{S}^0(\omega)$ 得到分解以后，随机过程 $f_j^0(t)$，$j = 1$，2，3 可用公式（3.16）进行模拟：

$$f_j(t) = 2\sum_{m=1}^{j}\sum_{l=1}^{N}\left|H_{jm}(\omega_{ml})\right|\sqrt{\Delta\omega}\cos\left[\omega_{ml}t - \theta_{jm}(\omega_{ml}) + \phi_{ml}\right], \quad (j = 1, 2, 3) \tag{3.16}$$

亦可用如下分项形式表述：

$$f_1(t) = 2\sum_{l=1}^{N}\left|H_{11}(\omega_{1l})\right|\sqrt{\Delta\omega}\cos\left[\omega_{1l}t - \theta_{11}(\omega_{1l}) + \phi_{1l}\right] \tag{3.17}$$

$$\begin{aligned}
f_2(t) = {} & 2\sum_{l=1}^{N}\left|H_{21}(\omega_{1l})\right|\sqrt{\Delta\omega}\cos\left[\omega_{1l}t - \theta_{21}(\omega_{1l}) + \phi_{1l}\right] + \\
& 2\sum_{l=1}^{N}\left|H_{22}(\omega_{2l})\right|\sqrt{\Delta\omega}\cos\left[\omega_{2l}t - \theta_{22}(\omega_{2l}) + \phi_{2l}\right]
\end{aligned} \tag{3.18}$$

$$\begin{aligned}
f_3(t) = {} & 2\sum_{l=1}^{N}\left|H_{31}(\omega_{1l})\right|\sqrt{\Delta\omega}\cos\left[\omega_{1l}t - \theta_{31}(\omega_{1l}) + \phi_{1l}\right] + \\
& 2\sum_{l=1}^{N}\left|H_{32}(\omega_{2l})\right|\sqrt{\Delta\omega}\cos\left[\omega_{2l}t - \theta_{32}(\omega_{2l}) + \phi_{2l}\right] + \\
& 2\sum_{l=1}^{N}\left|H_{33}(\omega_{3l})\right|\sqrt{\Delta\omega}\cos\left[\omega_{3l}t - \theta_{33}(\omega_{3l}) + \phi_{3l}\right]
\end{aligned} \tag{3.19}$$

其中，带有双下标的频率定义为

$$\omega_{1l} = l \cdot \Delta\omega - \frac{2}{3}\Delta\omega, \quad l = 1, 2, \cdots, N \tag{3.20}$$

$$\omega_{2l} = l \cdot \Delta\omega - \frac{1}{3}\Delta\omega, \quad l = 1, 2, \cdots, N \tag{3.21}$$

$$\omega_{1l} = l \cdot \Delta\omega, \quad l = 1, 2, \cdots, N \tag{3.22}$$

$$\Delta\omega = \frac{\omega_u}{N} \tag{3.23}$$

$$\theta_{jm}(\omega_{ml}) = \arctan\left\{\frac{\text{Im}\left[H_{jm}(\omega_{ml})\right]}{\text{Re}\left[H_{jm}(\omega_{ml})\right]}\right\} \tag{3.24}$$

式（3.23）中，ω_u 为截断频率，其大小由功率谱密度矩阵中 ω 的函数关系确定，通常要求选取的 ω_u 必须足够大从而使得密度矩阵的各项值趋于零，只有这样大于 ω_u 的频率才不会再造成影响。

在式（3.17）至式（3.19）中，ϕ_{1l}，ϕ_{2l}，ϕ_{3l}（$l = 1$，…，N）为 $[0, 2\pi]$ 上相互独立且均匀分布的随机相位角。

随机过程 $f_j(t)$，$j = 1$，2，3 是周期函数，其周期可以表示为

$$T_0 = 3\frac{2\pi}{\Delta\omega} \tag{3.25}$$

由式（3.25）可知，截断频率 ω_u 一定时，N 越大，则模拟周期越长。同时由中心极限定理可知，当 N 为无穷大时，模拟过程趋近于高斯过程。

根据相位角 $\phi_{1l}^{(i)}$，$\phi_{2l}^{(i)}$，$\phi_{3l}^{(i)}$（$l = 1$，…，N）可得到风速随机样本：

$$f_j^{(i)}(t) = 2\sum_{m=1}^{j}\sum_{l=1}^{N}\left|H_{jm}(\omega_{ml})\right|\sqrt{\Delta\omega}\cos\left[\omega_{ml}t - \theta_{jm}(\omega_{ml}) + \phi_{ml}^{(i)}\right], \quad j = 1, 2, 3 \tag{3.26}$$

为了避免频率混淆，对时间步长 Δt 要求满足式（3.27）：

$$\Delta t \leqslant \frac{2\pi}{2\omega_u} \tag{3.27}$$

按公式（3.26）产生的随机序列振幅值受到以下限制：

$$f_j^{(i)}(t) = 2\sum_{m=1}^{j}\sum_{l=1}^{N}\left|H_{jm}(\omega_{ml})\right|\sqrt{\Delta\omega}, \quad j = 1, 2, 3 \tag{3.28}$$

用 FFT 技术可将公式（3.26）写成如下形式：

$$f_1^{(i)}(p\Delta t) = \text{Re}\left\{h_{11}^{(i)}(p\Delta t)\cdot\exp\left[\text{i}\left(\frac{\Delta\omega}{3}\right)(p\Delta t)\right]\right\}, \quad p = 0, 1, \cdots, 3M-1 \tag{3.29}$$

$$f_2^{(i)}(p\Delta t) = \text{Re}\left\{h_{21}^{(i)}(p\Delta t)\cdot\exp\left[\text{i}\left(\frac{\Delta\omega}{3}\right)(p\Delta t)\right]\right\} + \text{Re}\left\{h_{22}^{(i)}(p\Delta t)\cdot\exp\left[\text{i}\left(\frac{2\Delta\omega}{3}\right)(p\Delta t)\right]\right\}$$
$$(p = 0, 1, \cdots, 3M-1) \tag{3.30}$$

$$f_3^{(i)}(p\Delta t) = \text{Re}\left\{h_{31}^{(i)}(p\Delta t) \cdot \exp\left[\text{i}\left(\frac{\Delta\omega}{3}\right)(p\Delta t)\right]\right\}$$

$$+ \text{Re}\left\{h_{32}^{(i)}(p\Delta t) \cdot \exp\left[\text{i}\left(\frac{2\Delta\omega}{3}\right)(p\Delta t)\right]\right\} + \text{Re}\left\{h_{33}^{(i)}(p\Delta t) \cdot \exp\left[\text{i}(\Delta\omega)(p\Delta t)\right]\right\}$$

$$(p = 0,\ 1,\ \cdots,\ 3M-1) \quad (3.31)$$

其中 $h_{jm}^{(i)}(p\Delta t)$（$j=1,\ 2,\ 3,\ m=1,\ 2,\ 3,\ j\geqslant m$）可表示为

$$h_{jm}^{(i)}(p\Delta t) = \begin{cases} g_{jm}^{(i)}(p\Delta t), & p=0,1,\cdots,M-1 \\ g_{jm}^{(i)}[(p-M)\Delta t], & p=M,\cdots,2M-1 \\ g_{jm}^{(i)}[(p-2M)\Delta t], & p=2M,\cdots,3M-1 \end{cases} \quad (3.32)$$

式（3.32）中，g 定义如下：

$$g_{11}^{(i)}(p\Delta t) = \sum_{l=0}^{M-1} B_{11l} \cdot \exp[\text{i}(l\Delta\omega)(p\Delta t)],\ p=0,\ 1,\ 2,\ \cdots,\ M-1 \quad (3.33)$$

$$g_{21}^{(i)}(p\Delta t) = \sum_{l=0}^{M-1} B_{21l} \cdot \exp[\text{i}(l\Delta\omega)(p\Delta t)],\ p=0,\ 1,\ 2,\ \cdots,\ M-1 \quad (3.34)$$

$$g_{22}^{(i)}(p\Delta t) = \sum_{l=0}^{M-1} B_{22l} \cdot \exp[\text{i}(l\Delta\omega)(p\Delta t)],\ p=0,\ 1,\ 2,\ \cdots,\ M-1 \quad (3.35)$$

$$g_{31}^{(i)}(p\Delta t) = \sum_{l=0}^{M-1} B_{31l} \cdot \exp[\text{i}(l\Delta\omega)(p\Delta t)],\ p=0,\ 1,\ 2,\ \cdots,\ M-1 \quad (3.36)$$

$$g_{32}^{(i)}(p\Delta t) = \sum_{l=0}^{M-1} B_{32l} \cdot \exp[\text{i}(l\Delta\omega)(p\Delta t)],\ p=0,\ 1,\ 2,\ \cdots,\ M-1 \quad (3.37)$$

$$g_{33}^{(i)}(p\Delta t) = \sum_{l=0}^{M-1} B_{33l} \cdot \exp[\text{i}(l\Delta\omega)(p\Delta t)],\ p=0,\ 1,\ 2,\ \cdots,\ M-1 \quad (3.38)$$

其中：

$$B_{11l} = 2\left|H_{11}\left(l\Delta\omega+\frac{\Delta\omega}{3}\right)\right|\sqrt{\Delta\omega} \cdot \exp\left[-\text{i}\theta_{11}\left(l\Delta\omega+\frac{\Delta\omega}{3}\right)\right]\exp[\text{i}\phi_{1l}^{(i)}] \quad (3.39)$$

$$B_{21l} = 2\left|H_{21}\left(l\Delta\omega+\frac{\Delta\omega}{3}\right)\right|\sqrt{\Delta\omega} \cdot \exp\left[-\text{i}\theta_{21}\left(l\Delta\omega+\frac{\Delta\omega}{3}\right)\right]\exp[\text{i}\phi_{1l}^{(i)}] \quad (3.40)$$

$$B_{22l} = 2\left|H_{22}\left(l\Delta\omega + \frac{\Delta\omega}{3}\right)\right|\sqrt{\Delta\omega} \cdot \exp\left[-\mathrm{i}\theta_{22}\left(l\Delta\omega + \frac{\Delta\omega}{3}\right)\right]\exp[\mathrm{i}\phi_{2l}^{(i)}] \tag{3.41}$$

$$B_{31l} = 2\left|H_{31}\left(l\Delta\omega + \frac{\Delta\omega}{3}\right)\right|\sqrt{\Delta\omega} \cdot \exp\left[-\mathrm{i}\theta_{31}\left(l\Delta\omega + \frac{\Delta\omega}{3}\right)\right]\exp[\mathrm{i}\phi_{1l}^{(i)}] \tag{3.42}$$

$$B_{32l} = 2\left|H_{32}\left(l\Delta\omega + \frac{\Delta\omega}{3}\right)\right|\sqrt{\Delta\omega} \cdot \exp\left[-\mathrm{i}\theta_{32}\left(l\Delta\omega + \frac{\Delta\omega}{3}\right)\right]\exp[\mathrm{i}\phi_{2l}^{(i)}] \tag{3.43}$$

$$B_{33l} = 2\left|H_{33}(l\Delta\omega + \Delta\omega)\right|\sqrt{\Delta\omega} \cdot \exp\left[-\mathrm{i}\theta_{33}(l\Delta\omega + \Delta\omega)\right]\exp[\mathrm{i}\phi_{3l}^{(i)}] \tag{3.44}$$

Δt 与 $\Delta\omega$ 存在如下关系：

$$3M\Delta t = T_0 = 3\frac{2\pi}{\Delta\omega} \tag{3.45}$$

比较式（3.27）和式（3.45）可知，与之等效的条件可表示为

$$M \geqslant 2N \tag{3.46}$$

用式（3.45）计算出来的 Δt 将自动满足上述条件。

除此之外，脉动风速的合成还需考虑平均风、功率谱、相关性和时间步长的影响。入口风速时程的平均速度采用指数率风剖面公式：

$$\overline{U}(z) = U_0\left(\frac{z}{h_0}\right)^{\alpha} \tag{3.47}$$

式中，$\overline{U}(z)$ 为高度为 z 处的平均风速；U_0 为高度为 h_0 处的平均风速；α 为由地形粗糙度所决定的幂指数，文中与风洞试验数据保持一致。

本节研究中脉动风速功率谱采用我国规范采用的 Kaimal 谱，其表达式为

$$\frac{nS_u(n)}{\sigma_u^2} = \frac{200x}{(1+50x)^{5/3}} \tag{3.48}$$

式中，$x = \dfrac{nz}{\overline{U}(z)}$；$z$ 为模拟点离地面高度。

空间相关性采用 Davenport 给定的经验公式，可表示为

$$coh(f,\Delta) = \exp\left(-C\frac{f\delta}{\overline{U}}\right) \tag{3.49}$$

其中，C 为无量纲衰减系数；f 为脉动风速的频率；δ 为两点距离；$\overline{U}$ 为两点平均风速。考虑空间相关性后，空间两点 i，j 的互功率谱可以表示为

$$S_{ij} = \sqrt{S_{ii}(f)S_{jj}(f)} coh(f, \delta_{ij}) \qquad (3.50)$$

其中，S_{ii} 和 S_{jj} 分别为 i，j 两点的自谱密度函数。在 UDF 时程数据对接上，要保持计算步长的统一，而在大涡模拟过程中，计算步长应满足库朗数（CFL）要求，可表示为

$$CFL = \frac{U\Delta T}{\Delta x} \leqslant 1 \qquad (3.51)$$

式中，U 为风速，Δx 为网格尺寸，ΔT 为时间步长。

在充分考虑脉动风场的平均速度、功率谱、相关性、时间步长等参数后，将上述理论用 MATLAB 进行程序编制，用谐波合成法将目标风场进行等效，对风速时程数据进行合成，生成满足目标风场的随机序列数。然后将生成的随机序列数与入口网格在时间和空间上建立对应关系，时间上要满足时间步长的一致，保证谐波合成风速与大涡模拟风速在时间上的同步。空间上要对入口网格坐标进行严格控制，将模拟点的速度时程赋给对应的入口网格中心点，整个过程用 UDF 程序编制，对 FLUENT 软件用户自定义模块进行加载，重新定义入口速度，从而实现大涡模拟入口脉动信息的输入。

3.2 数值验证

为验证基于谐波合成方法生成脉动流场的正确性，以 TJ-2 风洞试验数据为参照对象[167]，建立了两种模拟脉动风场的数值风洞：一为没有任何障碍物的空风洞，其入口边界（脉动）用谐波合成法生成，简称为"空风洞数值模型"；二为与真实风洞一致的尖劈粗糙元风洞，其入口边界为平均风，利用尖劈粗糙元对风场的扰动来产生脉动信息，简称为"尖劈粗糙元数值模型"。下面分别对两种模型的尺寸、网格数量、计算参数与边界条件进行介绍。

3.2.1　模型尺寸与网格数量

1. 空风洞数值模型

TJ-2 风洞具体尺寸为 15 m × 2.5 m × 3.0 m （长×高×宽），空风洞数值模拟采用与物理风洞一致的模型尺寸。为保证计算精度，采用全六面体网格，并对总网格数为 90 万、180 万、400 万 3 种网格进行了网格无关性测试。权衡计算资源和计算精度后，选取了 180 万网格数模型作为最终计算模型，在模型底部进行网格加密，增长因子为 1.1，最底层网格高度为 0.01 m，如图 3.1 所示。

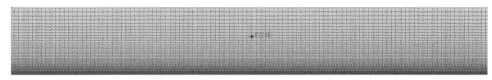

图 3.1　空风洞数值模型网格示意图

2. 尖劈粗糙元数值模型

尖劈粗糙元数值模型与物理风洞试验条件保持一致，如图 3.2 所示。与上一节类似，为保证精度，对尖劈粗糙元数值模型进行全场六面体网格划分，并对 260 万、450 万、800 万 3 种网格进行了网格无关性测试，其结果如表 3.1 所示。

通过比较模型内部测量中心湍流度发现：260 万网格数模型的计算结果较 450 万和 800 万的网格模型偏差较大，但 450 万和 800 万网格数的计算结果偏差幅度很小，权衡计算精度和计算资源的影响后，最终选取了 450 万网格数作为最终计算网格。整个网格在底部进行加密，最底层网格高度为 0.005 m，延伸率为 1.1，如图 3.3 所示。计算过程中，对空风洞数值模型和尖劈粗糙元数值模型的"预定模型中心"位置进行风速监测，具体位置如图 3.2 所示。

表 3.1　网格无关性检验

网格数量	260 万	450 万	800 万
湍流度	9.9%	12.42%	12.49%

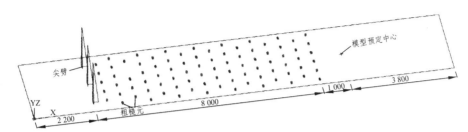

图 3.2　尖劈粗糙元模型尺寸示意图

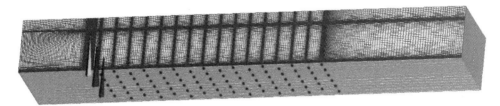

图 3.3　尖劈粗糙元数值模型网格示意图

3.2.2　边界条件设置

空风洞数值模型的入口条件是基于对 FLUENT 软件平台进行二次开发,将生成的随机序列数赋给入口边界;而尖劈粗糙元数值模型则采用平均风作为入口边界,详细边界条件与计算参数如表 3.2 所示。

表 3.2　计算参数与边界条件

计算参数	空风洞模型	尖劈粗糙元模型
湍流模型	大涡模拟	大涡模拟
网格类型	六面体结构网格	六面体结构网格
入口边界	UDF 导入的随机序列数	均匀来流,$U = 20$ m/s
计算域侧面	对称边界	对称边界
计算域顶面	自由滑移	自由滑移
计算域底面	无滑移固壁	无滑移固壁
尖劈粗糙元表面	无滑移固壁	无滑固壁

3.2.3　计算结果

空风洞数值模型采用超线程 12 核工作站进行计算，模拟 150 s 时长（60 000 步）需耗时 60 h，其计算结果如图 3.4（a）所示。尖劈粗糙元模型同样采用超线程工作站进行计算，模拟同样时长需耗时 124 h，计算结果如图 3.4（b）所示。

(a)空气洞数值模型计算云图

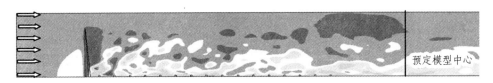

(b)空气洞数值模型计算云图

图 3.4　计算结果云图

通过对"预定模型中心"不同高度处的风速监测，得到监测中心处的平均风剖面与湍流度信息，对其进行无量纲处理并与风洞试验结果进行对比，其结果如图 3.5 和图 3.6 所示，从图中可以发现两种模型的风剖面和湍流度相比风洞试验偏差较小，能满足工程精度需要，从而证明了本章所提方法生成脉动风场的正确性。用最小二乘法对空风洞模型风剖面进行指数率拟合，得到 α 指数为 0.161，非常接近风洞试验的拟合值 0.162，也接近于我国规范给出的 B 类风场特性。

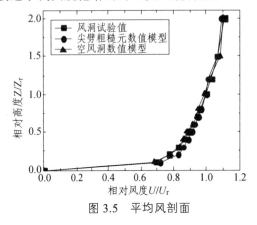

图 3.5　平均风剖面

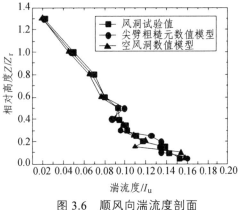

图 3.6　顺风向湍流度剖面

对"预定模型中心"1 m 高度处的时程数据进行分析,得到空风洞模型和尖劈粗糙元模型的顺风方向功率谱,对其进行拟合并与 Kaimal 谱进行对比,如图 3.7 所示。

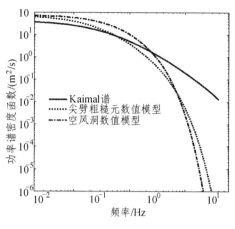

图 3.7　顺风向功率谱

将数值模拟功率谱与 Kaimal 谱进行对比发现,两种模型的模拟结果与 Kaimal 谱在低频段(频率 < 1)吻合较好,但在高频阶段(频率 > 1)出现了陡降。其主要原因是高频段代表风场中小涡的能量贡献,而 LES 中小尺度涡是用亚格子模型进行封闭,不能直接对小尺度涡进行求解,因此数值模拟不能捕捉到脉动风场的高频段风谱。通过改进湍流模型和加密网格数量可以改善风谱高频衰减问题,但无法从根本上解决该问题。对于实际工程,其关注频率一般较低(频率 < 1),基于大涡模拟的方法均能较好地捕捉该频率段的风谱,因此,本文所提的脉动生成方法仍能较好地满足工程需要。

在计算效率方面,将两种数值模型所需的网格数和耗时量做出对比,如表 3.3 所示。

表 3.3　计算效率对比

模型	网格数/万	计算时间/h
空风洞模型	180	60
尖劈粗糙元模型	450	124

由表 3.3 计算效率对比可以发现,在达到允许精度要求下,空风洞模型所需的网格数不到尖劈粗糙元模型的一半,计算耗时量也远远优于尖劈粗糙元模型。此外,空风洞数值模型具有更好的适应性,特别是对不同脉动风场的模拟,空风洞模型只需对目标风

场的特性参数进行调整，操作简单方便。而尖劈粗糙元数值模型只能通过不断调整尖劈粗糙元的位置和数量来对目标风场进行试算，其计算工作量大，耗时长。

3.3 脉动入口边界在城市建筑群风环境研究中的应用

3.3.1 小区模型介绍

本节以里斯本 Tagus 河北部某小区为研究背景[168]。该小区由 7 栋房屋组成，中间由人行道隔开，如图 3.8 所示。其中，小区建筑群长度为 217.5 m，宽度为 200.4 m，沿 L_1，L_2 廊道建立了 8 个监测点用来监测小区内部风环境。

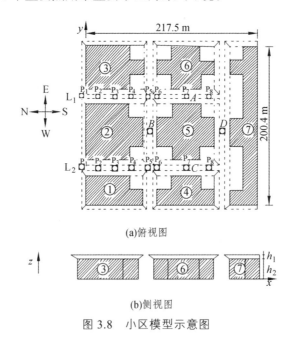

(a)俯视图

(b)侧视图

图 3.8　小区模型示意图

3.3.2 网格模型和边界条件

数值模拟过程中，为便于调整风向角，采用圆形计算域，如图 3.9（a）所示。将计算域入口边界设为 8 块，改变出入口和出口的边界条件便可达到变换风向角的目的。为提高计算精度，采用 O-Blcok 网格对模型进行划分，网格示意图如图 3.9（b）所示。其中，计算域半径为 900 m，高度为 150 m，总网格数为 460 万。

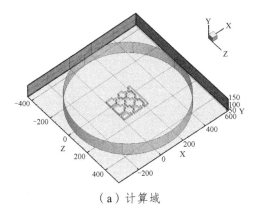 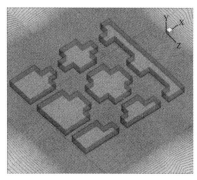

（a）计算域　　　　　　　　　　　　（b）网格模型

图 3.9　计算域和计算网格

本书所用的入口边界条件中，平均风速剖面采用：$U/U_0 = \left(\dfrac{z}{h_o}\right)^{\alpha}$，其中，$h_0 = 70$ m 为参考高度，$U_0 = 11$ m/s 为高度在 h_0 处的风速，α 指数为 0.11，入口湍流的给定采用风洞试验数据，如图 3.10 所示。

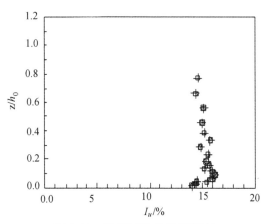

图 3.10　风洞试验的湍流强度

为验证本文所提方法的正确性与优越性，采用了两种边界条件。第一种为有脉动的入口边界，脉动边界用本文所提方法进行输入；第二种为没有脉动的入口边界。模拟工况如表 3.4 工况 1 和工况 2 所示。

表 3.4　模拟工况

工况	风向角	入口输入边界条件
1	北	谐波合成法生成
2	北	常规没有脉动的入口输入方法
3	东北	谐波合成法生成
4	西北	谐波合成法生成

3.3.3　计算结果

工况 1 作用下 $P_1 \sim P_8$ 点平均风剖面的数值模拟结果与 Ferreira 风洞试验结果对比如图 3.11 所示。其中 V 是风速量级，V_0 为入口边界同一高度位置处所对应的风速。从图中可以发现，数值模拟结果与风洞试验值吻合良好。同时，风场受到小区建筑模型的干扰，特别是在近地面区域，平均风速出现了明显下降，随着高度的增加，这种下降趋势依次减弱。当高度大于两倍建筑物尺寸后，风速大小基本趋于稳定。在水平方向，由于建筑物的摩擦作用使得平均风速也存在一定程度的减小。其中，水平距离离入口位置越长，其减小作用越明显。

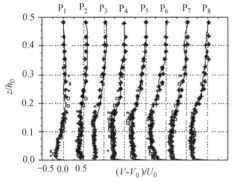

（a）沿人行道 L_1 的速度剖面

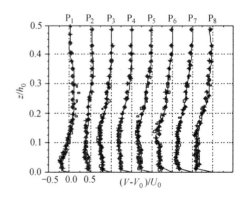

（b）沿人行道 L_2 的速度剖面

（"□"代表风洞试验 7 孔探针试验值；"⊕"代表热线风速仪试验值；"——"为数值模拟值）

图 3.11　监测点沿廊道风剖面示意图

　　为分析入口脉动对建筑群内部风场的影响，将工况 1 和工况 2 作用下 $A \sim D$ 点位置沿高度方向的均方根进行分析，其结果如图 3.12 所示。

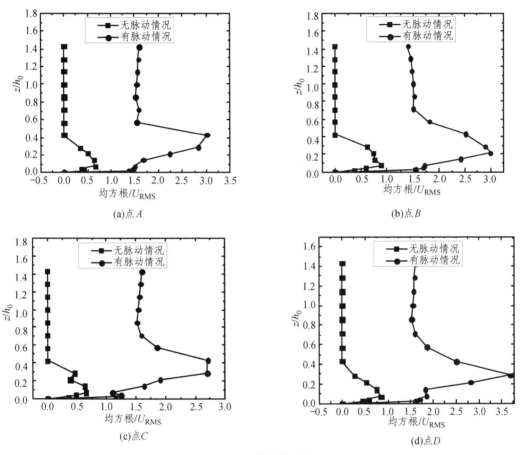

(a)点 A　　　　　　　　　　　(b)点 B

(c)点 C　　　　　　　　　　　(d)点 D

图 3.12　速度均方根

　　从图中可以清晰地发现工况 1（有脉动入口）的均方根在整体上要明显大于工况 2（无脉动入口），通过对其进行无量纲分析发现，沿高度方向均方值首先有增加的趋势，然后逐渐减小直到降为常数。在图 3.12（a）中可以发现在工况 1 中当 z/h_0 大于 0.6 时其均方根的无量纲值为 1.5 而工况 2 接近零，同样的规律也可在图 3.12（b）～（d）中发现。通过对均方值的分析可以发现，工况 1 比工况 2 产生了更加真实的湍流，也证明了本书所提方法可以生成合理的湍流风场，其在城市小区风环境数值过程中扮演着非常重要的角色。

湍动能也是影响人行高度舒适性的一项重要指标，沿高度方向的湍动能可以反映湍流度的空间变化情况，为了更深一步地了解小区内湍动能的分布情况，对工况 $1A \sim D$ 点沿高度方向的风速进行监测，通过分析得到湍动能的分布如图 3.13 所示。通过对其进行无量纲化分析后发现湍动能整体趋势变化为先增大后减小然后逐渐趋于稳定。对于点 A 和点 C，最大的湍动能出现在建筑物 1.5 m 处（z/h_0 为 0.021），该高度与人行高度一致。当高度大于这一高度以后，随着高度的增加湍动能的数值逐渐减小，直到与入口位置保持一致。对于 B 点和 D 点，由于入口来流风向没有与其走向一致，最大的湍动能出现在建筑高度为 20 m 位置的强剪区（z/h_0 为 0.3）。当湍动能达到最大值后，随着高度的增加也逐渐减小，直到高度达到 56 m 时，其值趋近于入口值。通过以上分析发现，在 L_1 和 L_2 廊道内人行高度的舒适性弱于其他位置。

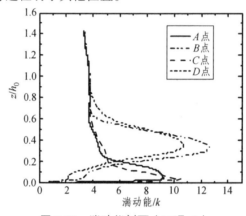

图 3.13　湍动能剖面（工况 1）

在城市小区建筑群内的风速必须维持在一定的风速范围内，不能过高或者过低，过高的风速会影响人行舒适性，过低的风速会导致空气得不到流动，污染物容易积聚，影响居民身体健康。现行行业规范 JGJ/T 229—2010 指出，当风速高于 5 m/s 就会影响人行高度舒适性，为了详细分析建筑群的风环境，同时利用有脉动的入口边界对东北风和西北风作用下小区风环境进行计算，分别定义为工况 3 和工况 4。考虑工况 1 后 3 种工况的速度云图和流线图分别如图 3.14 ~ 图 3.16 所示。在图 3.14（a）中，由于风场在障碍物两侧会出现加速效应，使得高风速出现在建筑物上下两侧，7 号建筑物阻挡了来流风的去向，导致风速在通风廊道内依次减小。同时，由于风速在钝体建筑后会出现分离，使得风速在背风区相对较低并且在图中明显观察到角落里面有漩涡存在。图 3.15（a）和图 3.16（a）中可以明显观察到峡道效应，高风速一般出现在与主流方向一致的峡道内，与上述情况一样，背风方向的风速要明显低于迎风方向。

风速加速因子可反映建筑群内风速的加速情况，可定义为：$R_i = U_i / U_0(z)$，其中 U_i 为 i 位置的平均风速，$U_0(z)$ 为入口对应高度的平均风速，R_i 为风速加速因子。在图 3.14（b）中可以发现最大的加速因子为 1.2，出现在建筑 3 的西北角。沿 L_1 和 L_2 廊道，由于 7 号建筑的阻挡作用，风速加速因子由 0.8 逐渐减小，最小的加速因子出现在 7 号建筑背风侧，其值为 0.2。在图 3.15（b）中可以发现最大的风速加速因子出现在 7 号建筑的东北角，其值为 1.1；最小值出现在建筑物 7 的东南角，其值为 0.2。在图 3.16（b）中，最大风速加速因子为 1.2，出现在 7 号建筑的东南角而最小值出现在建筑 7 的东北角。

通过对上述工况的分析可以发现强风一般都出现在主风向作用的通风廊道内，在这些廊道内风速可能出现加速效应，影响人行舒适性。同时，低风速一般出现在背风侧建筑群角落里，这些地方由于风速较小污染物得不到扩散从而可能影响人们的身心健康。

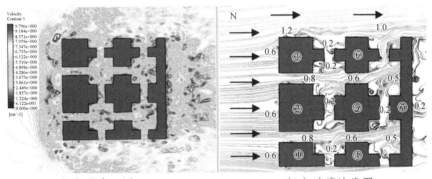

（a）速度云图　　　　　　　　　　（b）速度流线图

图 3.14　北风作用下速度云图和速度流线图（工况 1）

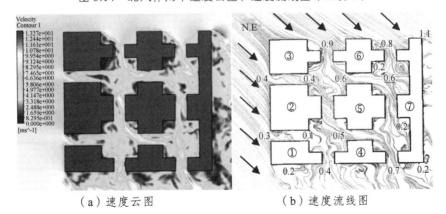

（a）速度云图　　　　　　　　　　（b）速度流线图

图 3.15　东北风作用下速度云图和速度流线图（工况 3）

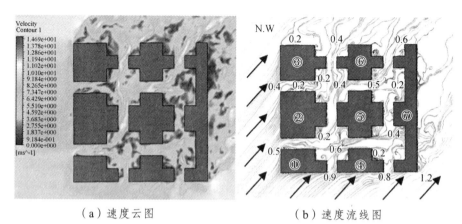

（a）速度云图　　　　　　　　　（b）速度流线图

图 3.16　西北风作用下速度云图和速度流线图（工况 4）

3.4　脉动入口边界在建筑群污染物扩散研究中的应用

为定量分析不同入口来流边界条件对建筑群污染物扩散的影响，本节以 Davidson 等人[168]的风洞试验为基准。将上节所提方法生成的脉动风场和常规的平均风速分别作为大涡模拟的入口边界条件，利用组分输运模型，对建筑群内污染物浓度进行分析[169]。

3.4.1　物理模型与数值方法

对建筑群内污染物扩散数值研究，流体流动与扩散受到物理守恒定律的支配，对每一个网格，须满足质量守恒方程和动量守恒方程。由于模拟过程中，存在不同成分气体的组合，因此还需考虑组分守恒方程，采用三维非定常 N-S 方程对其物理过程进行描述，其质量守恒方程和动量守恒方程可以分别表示为

$$\frac{\partial \rho}{\partial t} + \mathrm{div}\left(\rho \vec{u}\right) = 0 \tag{3.52}$$

$$\frac{\partial(\rho u)}{\partial t} + \mathrm{div}\left(\rho u \vec{u}\right) = -\frac{\partial p}{\partial x} + \frac{\partial \tau_{xx}}{\partial x} + \frac{\partial \tau_{yx}}{\partial y} + \frac{\partial \tau_{zx}}{\partial z} + F_x \tag{3.53}$$

$$\frac{\partial(\rho v)}{\partial t} + \mathrm{div}\left(\rho v \vec{u}\right) = -\frac{\partial p}{\partial y} + \frac{\partial \tau_{xy}}{\partial x} + \frac{\partial \tau_{yy}}{\partial y} + \frac{\partial \tau_{zy}}{\partial z} + F_y \tag{3.54}$$

$$\frac{\partial(\rho w)}{\partial t} + div\left(\rho w \vec{u}\right) = -\frac{\partial p}{\partial z} + \frac{\partial \tau_{xz}}{\partial x} + \frac{\partial \tau_{yz}}{\partial y} + \frac{\partial \tau_{zz}}{\partial z} + F_z \qquad (3.55)$$

其中，ρ 是空气密度；t 是时间；$\vec{u}$ 为速度矢量；u、v、w 为 $\vec{u}$ 在 x、y、z 3 个方向上的分量；矢量符号 $div(\vec{u}) = \partial u / \partial x + \partial v / \partial y + \partial w / \partial z$；$p$ 为压力；τ_{xx}、τ_{xy}、τ_{xz} 为黏性应力 $\vec{\tau}$ 的分量；F_x、F_y、F_z 为体力，本文体力只考虑重力作用，则 $F_x = F_y = 0$，$F_z = \rho g$。

对污染物粒子扩散过程模拟，本文运用组分输运模型，其组分质量守恒方程可以表示为

$$\frac{\partial(\rho c_s)}{\partial t} + div(\rho \vec{u} c_s) = div(D_s grad(\rho c_s)) + S_s \qquad (3.56)$$

其中，c_s 是组分的体积浓度；ρc_s 为质量浓度；D_s 为扩散系数，S_s 为生产率。本文不考虑组分间的化学反应。如果有 z 个组分，那么就有 $z-1$ 个独立的组分质量守恒方程，展开后可表示为

$$\frac{\partial(\rho c_s)}{\partial t} + \frac{\partial(\rho c_s u)}{\partial x} + \frac{\partial(\rho c_s v)}{\partial y} \frac{\partial(\rho c_s w)}{\partial z} = \frac{\partial}{\partial x}\left[D_s \frac{\partial(\rho c_s)}{\partial x}\right] + \frac{\partial}{\partial y}\left[D_s \frac{\partial(\rho c_s)}{\partial y}\right] + \frac{\partial}{\partial z}\left[D_s \frac{\partial(\rho c_s)}{\partial z}\right] + S_s$$

$$(3.57)$$

3.4.2　模型介绍与计算工况

1. 模型介绍

本节所用算例为一小区建筑群，整个建筑群由 39 个立方体交错排列组成，立方体宽度和高度均为 0.12 m，立方体间距为 0.24 m，具体布置如图 3.17 所示，本文计算条件参考 Davidson 等人风洞试验，在第一排建筑物前 1.2 m 处释放 CO_2 气体作为污染源，然后对建筑物内部的污染物浓度进行监测。

在数值模拟过程中，为保证计算精度，整个模型采用全六面体网格，并对总网格数为 30 万、108 万和 302 万 3 种网格进行了网格无关性测试，通过对模型内一点（$x=2$，$y=1.8$）沿高度方向的风速进行监测，权衡计算资源和计算精度后，最终选取了 108 万网格数模型作为计算模型，网格在模型底部进行加密，增长因子为 1.1，网格如图 3.18 所示。

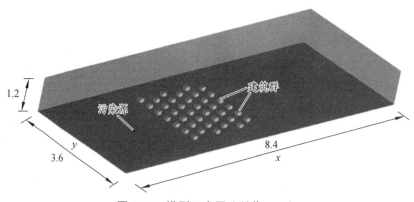

图 3.17 模型示意图（单位：m）

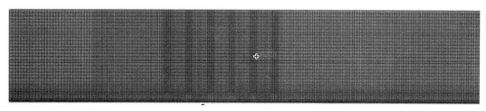

图 3.18 计算网格

2. 计算工况与边界条件

入口边界条件的平均风速表达式为

$$
\begin{aligned}
&U_{in} = U^* \ln(z/z_0),\ V_{in} = 0,\ W_{in} = 0,\ 0 \leqslant z \leqslant 8H; \\
&U_{in} = U_0,\ V_{in} = 0,\ W_{in} = 0,\ z \geqslant 8H
\end{aligned}
\tag{3.58}
$$

其中，U^* 为表面摩擦速度，H 为建筑物高度，$z_0 = 0.0025H$，$\kappa = 0.4$，$U_0 = 4\ \text{m/s}$。基准风速为 4 m/s，基准高度为 0.96 m，湍流强度大小为：$\sigma_u = 0.4U_0$；$\sigma_v = 0.3U_0$；$\sigma_w = 0.1U_0$。

根据上述风洞实验流动参数，用 Matlab 程序生成速度时程，然后赋给大涡模拟的入口边界条件。为验证本章所提脉动生成方法的正确性，将计算结果的速度场与浓度场取平均后和风洞试验值进行对比，如图 3.19、图 3.20 所示。

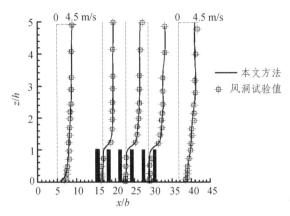

图 3.19　脉动风作用下建群中心轴线速度剖面图

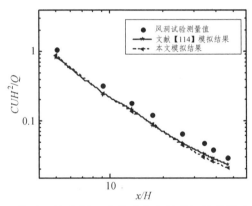

图 3.20　脉动风速作用下建筑群中心轴线污染物浓度对比图

从图 3.19 和图 3.20 中可以发现，基于谐波合成方法生成的脉动入口速度场模拟结果与风洞实验结果吻合较好，在浓度场上，该方法的模拟结果稍低于风洞试验值但总体保持一致，且与文献[114]模拟结果非常接近，因此从速度场和浓度场都验证了本文所提方法的正确性。

为分析不同入口边界对建筑群污染物扩散的影响，用 4 种不同入口边界条件对建筑群污染物进行了数值模拟。其中，工况 1 为均匀来流，不考虑脉动风影响，取入口风速为 4 m/s；工况 2 所采用的剖面与风洞实验一致但不考虑脉动影响；工况 3 所采用的风剖面与工况 2 一致，但在入口处输入 30%紊流度，紊流度由软件直接输入；工况 4 所采用的风剖面与风洞实验一致，同时，考虑了脉动风速影响，脉动大小与风洞实验保持一致。用本文所提出的脉动入口方法进行生成，不同工况情况如表 3.5 所示。

表 3.5 不同入口来流汇总表

工况	入口边界	入口脉动
工况 1	整场 4 m/s	未考虑
工况 2	同风洞实验	未考虑
工况 3	同风洞实验	30%紊流度
工况 4	同风洞实验	谐波合成法生成

所有工况采用相同的浓度场，与文献[67，114]保持一致，其浓度边界条件为：入口为零，地表浓度为 $\partial \bar{c}/\partial n = 0$，顶部和出口采用无反射条件，表达式为

$$\partial \bar{c}_i / \partial t + \bar{u}_1 \cdot \partial \bar{c}_i / \partial x_i = 0 \qquad (3.59)$$

4 种计算工况均采用超线程 48 核工作站进行计算，边界条件除入口不同，其余均保持一致，其中，计算域侧面采用对称边界，顶面为自由滑移边界，底面和建筑群表面采用无滑移边界条件，出口采用压力出口边界。

3.4.3 计算结果

1. 不同入口边界作用下速度场计算结果

速度场模拟的正确性是污染物浓度场正确模拟的前提，为验证建筑群内速度场模拟的正确性，对小区模型沿流向方向的中心轴线进行了风速时程监测，对其取平均，得到了不同入口来流作用下建筑群中心轴线沿高度方向的风速剖面图，如图 3.21 所示。

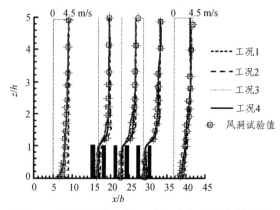

图 3.21 不同来流作用下建筑群中心风速剖面图

图 3.21 给出了不同形式的入口来流作用下建筑群顺风方向中心轴线的风剖面图，为了更清晰地呈现结果，将建筑物在高度方向放大 3 倍，由图 3.22 可以发现当来流风进入建筑群后，近地面风速受到建筑群的阻挡，平均风速有明显的减小趋势。在建筑群上方，减小趋势随着高度的增加而逐渐减弱，当高度大于 2 倍建筑物高度（$h=2H$）的时候，可以忽略建筑物对风场的影响。相比风洞试验测量值，工况 1 模拟的风速结果偏大，工况 2、工况 3 与工况 4 模拟结果在大于建筑物高度 2 倍处较为接近，但在低于建筑物 2 倍高度处，工况 4 体现出优势，其速度平均值与风洞试验值更为接近。因此，对于建筑群速度场的数值模拟，脉动入口边界对高度大于 2 倍建筑物高度处的影响不大，但对近地面脉动速度场起着非常重要的作用。图 3.22 展示了考虑脉动信息的入口来流作用下的建筑群速度云图，该图与图 3.21 所述规律一致，且在入口处能观察到明显的脉动信息。

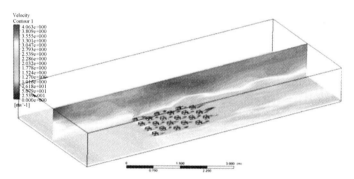

图 3.22　工况 4 作用下建筑群在 $0.5H$ 高度处速度云图

2. 不同入口边界作用下 CO_2 浓度计算结果

在浓度方面，定义无量纲浓度 $q=CUH^2/Q$，其中 C 为污染物监测浓度，U 为风速，H 为建筑物尺寸，Q 为单位时间污染物释放量。本节将 4 种不同来流作用下的建筑群半高度位置（$h=0.5H$）沿顺风方向中心轴线的无量纲浓度分布情况分别与文献[114]和风洞试验测量值进行了比较，对其取对数坐标，如图 3.23 所示。

从图 3.23 中可以发现，工况 1、工况 2 和工况 3 模拟的污染物浓度普遍偏高，且工况 2 的结果要高于工况 1。主要原因是工况 1 在近地面风速要大于工况 2，同时，工况 3 的污染物浓度要低于工况 2，表明了湍流度的增加有利于污染物扩散。工况 4 模拟的污染物浓度要明显低于工况 1、2、3，相比前 3 个工况，工况 4 也与风洞试验测量值最为接近。因此，在浓度场分析过程中，考虑脉动入口模拟的污染物浓度要低于无脉动入口边界条件模拟值，且与实际值更为接近，更能反映建筑群污染物扩散的真实情况。图 3.24 给出了工况 4 作用下的 CO_2 质量分数图，该图也明显显示了污染物浓度在流向方向逐渐降低。

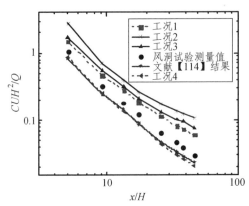

图 3.23　不同来流作用下沿建筑群中心轴线污染物浓度变化图

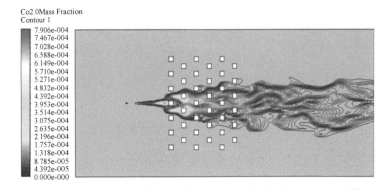

图 3.24　工况 4 作用下建筑群 $0.5H$ 高度处 CO_2 质量分数

3.5　本章小节

本章基于谐波合成法生成了满足目标脉动风特性的随机序列数，通过对商业软件 FLUENT 进行二次开发，利用 UDF 程序把时程数据转化成大涡模拟的入口脉动信息，实现了随机序列数在大涡模拟入口处的无缝对接，开发了大涡模拟入口脉动速度输入模块，可以很好地进行并行计算，解决了大涡模拟入口处湍流信息给定问题，且将该方法与常规的尖劈粗糙元数值模型进行了对比，并在建筑群的风环境和污染物扩散等领域中应用，均验证了本文所提方法的有效性，得到了以下研究结论：

（1）相比尖劈粗糙元数值模型的平均风剖面、湍流度和功率谱等结果发现：基于谐波合成法生成的脉动风场具有较好的精度，能满足工程需要，但风速功率谱在高频段会出现衰减现象；同时本文所用数值模型在网格数量和计算耗时方面均要远远优于尖劈粗糙元数值模型；另外，本文所提方法对不同风场模拟只需调整风场特性参数，操作方便，模拟速度快，是一种极具前景的脉动生成方法。

（2）利用本文所提方法对城市建筑群风环境进行了分析。通过对比有无脉动入口边界条件下风场的均方根发现有脉动入口所模拟的结果更为真实；平均风速在水平方向随着入口距离的增加出现下降而湍流度出现增大的趋势，在竖直方向，当高度达到两倍建筑高度时，平均风速和湍动能在数值上与入口相同位置持平；同时，对建筑群 1.5 m 高度处平均风和湍动能进行分析发现：强风和高湍动能出现在主流风向作用下的廊道内，会引起人行高度风环境不舒适问题。弱风一般出现在背风区，将会导致污染物得不到很好的扩散影响居民身心健康。

（3）利用本章所提方法对建筑群污染物扩散进行了分析。通过对 4 种不同入口边界条件作用下建筑群平均风风剖面进行分析，发现均匀风入口边界模拟的结果偏大，不考虑脉动的对数律风剖面在大于建筑物两倍高度处模拟结果较好，但是在近地面只有考虑脉动的入口边界才能与风洞试验测量值吻合较好；同时对 4 种不同入口边界条件作用下建筑群污染物浓度进行计算分析，发现未考虑脉动入口边界条件的浓度模拟结果偏大，考虑脉动信息后浓度模拟结果偏小，且与风洞试验测量值最为接近。因此，脉动信息在污染物扩散的数值模拟过程中起到了重要影响。

第 4 章
基于 WRF 的大涡模拟入口平均风场生成方法研究

对复杂地形进行数值模拟，其合理的入口边界条件给定非常关键，入口边界条件主要包括平均风和脉动风。第 3 章提出了基于谐波合成的大涡模拟脉动风场输入方法，对其脉动风场的给定进行了系统的分析和研究。本章将对复杂地形大涡模拟平均风场的获取方法进行研究。以澧水大桥所在峡谷为研究对象，基于中尺度气象模式 WRF 对目标区域进行多尺度耦合分析，得到了山区峡谷数值模拟入口处的中尺度分辨率风场信息。然后利用分块多项式插值的方法把 WRF 的模拟结果赋给了大涡模拟的入口边界，从而得到大涡模拟的平均风场，并将该方法称为"分块多项式插值法"。本章 4.1 节将对 WRF 的理论与方法进行介绍；4.2 节将着重介绍大涡模拟入口平均风场的"分块多项式插值"法；4.3 节将对计算结果进行验证；4.4 节将对全章进行小结。

4.1 数值模型与理论方法

本节研究过程中需用到大涡模拟和 WRF 模式，大涡模拟理论已经在第 2 章中做出了详细介绍，在此不做赘述，本节只对 WRF 模式做出简要介绍[170]。

4.1.1 WRF 模式介绍

WRF 模式是由美国国家大气研究中心、国家环境预报中心和多个大学、研究机构共同研发的新一代中尺度数值软件系统，是一个统一的"共用体模式"。WRF 模式设计理念先进，采用 Fortran 90 语言进行编写，它的特点是灵活、可扩展、易维护和使用计算机平台广泛。其主要特色在于具有先进的同化技术和强大的嵌套功能等，目前在中小尺度到全球尺度的数值预报和模拟中得到了广泛应用。WRF模式包含两个动力框架，分别为WRF-ARW和WRF-NMM模式，对应着研究模式和业务模式。ARW和NMM均包含在WRF软件的框架内，它们之间除动力求解不一样之外，均享用WRF的基础物理过程模块。

WRF模式系统主要由前处理、WRF基础软件框架和后处理3大部分组成，其示意图如图4.1所示。其中，基础软件框架是主体部分，包含了动力求解、物理过程、数据同化、初始化模块和WRF化学过程等。

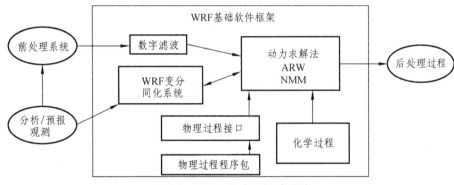

图4.1 WRF模式的组成模块

（1）前处理模块（WPS）的主要功能是为WRF模式的前期提供准备，具体可以分为：

① 定义嵌套区域。

② 定义格点距离，地图投影的放大系数和科氏参数。

③ 将所需要的陆面参数插值到模拟区域。

④ 将气象数据插值到模拟区域。

（2）WRF的动力求解模块是WRF模式的核心模块，主要对大气控制方程进行离散与投影处理，然后应用时间积分方案保证模式稳定。动力模式的主要特征可概括为：

① 完全可压缩非静力平衡方程，包含完整的曲率项和科氏力。

② 包含4种地图投影，适用于区域尺度和全球尺度。

③ 具有单项、双向和移动嵌套能力。

④ 水平方向采用Arakawa C网格，竖直方向采用地形跟随坐标。

⑤ 时间离散采用三阶Runge-Kutta离散方案，空间采用二阶至六阶平流方案。

⑥ 提供多种可供选择的边界条件。

（3）WRF 的后处理模块是将 WRF 的模拟结果通过显像的方式进行呈现，常用的软件有 Matlab 和 C++等。

4.1.2 WRF 模式的软件结构

由于 WRF 模式不能运用公共数据模块，使得变量赋给子程序的过程只能通过参数列表的方式来实现，为了尽量减少用户使用源代码，目前 WRF 将自身的结构设计成 3 层：即模式层、中间层和驱动层[171, 172]。

（1）驱动层：驱动层为模式的最高层，可以控制模式的初始化过程、输入输出、时间步长、计算域的分解计算、计算域的嵌套关系、处理器的分布以及并行计算等相关过程。

（2）模式层：模式层是由一些可执行计算功能的子程序组成，这些程序一般由气象专家编写，要求子程序在任何三维子空间都能直接调用。

（3）中间层：中间层处于模式层与驱动层之间，起到了信息传递作用；对二者的重要信息，如驱动层中内存分布以及设备的通信信息，模式层中的模式积分计算的流控制信息，起到了一个承上启下的作用。可以将模式层信息进行封装，有利于程序的移植和交换。

4.1.3 WRF 模式的动力方程组

本文运用 ARW 模式，该模式在垂直方向采用地形跟随坐标[173]，可定义为

$$\eta = \frac{(p_h - p_{ht})}{\mu} \tag{4.1}$$

其中，$\mu = p_{hs} - p_{ht}$，p_h 是气压的静力部分，p_{hs}、p_{ht} 分别为模式地表面和上边界的气压，因此 $0 \leqslant \eta \leqslant 1$。$\mu(x,y)$ 是随水平位置变化的量，表示单位面积整层大气层的质量，其通量形式可以表示为

$$V = \mu(u,v,w) = (U,V,W), \quad \Omega = \mu\dot{\eta}, \quad \Theta = \mu\theta \tag{4.2}$$

式中，当 $w = \dot{\eta}$ 时，(u,v,w) 为水平和垂直方向协变速度的分量，θ 表示位温。引入 3 个

非守恒的变量，p，ϕ 和 α，其中 p 为修正后的气压，ϕ 为位势高度；$\phi = gz$，α 为密度导数，通量形式的欧拉方程可以写成：

$$\frac{\partial U}{\partial t} + (\nabla \cdot Vu) - \frac{\partial}{\partial x}\left(p\frac{\partial \phi}{\partial \eta}\right) + \frac{\partial}{\partial \eta}\left(p\frac{\partial \phi}{\partial x}\right) = F_U \tag{4.3}$$

$$\frac{\partial V}{\partial t} + (\nabla \cdot Vv) - \frac{\partial}{\partial y}\left(p\frac{\partial \phi}{\partial \eta}\right) + \frac{\partial}{\partial \eta}\left(p\frac{\partial \phi}{\partial y}\right) = F_V \tag{4.4}$$

$$\frac{\partial W}{\partial t} + (\nabla \cdot Vw) - g\left(\frac{\partial p}{\partial \eta} - \mu\right) = F_W \tag{4.5}$$

$$\frac{\partial \Theta}{\partial t} + (\nabla \cdot V\theta) = F_\Theta \tag{4.6}$$

$$\frac{\partial \mu}{\partial t} + (\nabla \cdot V) = 0 \tag{4.7}$$

$$\frac{\partial \phi}{\partial t} + \frac{1}{\mu}\left[(V \cdot \nabla \phi) - gW\right] = 0 \tag{4.8}$$

密度导数的诊断关系为静力平衡关系，可表示为

$$\frac{\partial \phi}{\partial \eta} = -\alpha\mu \tag{4.9}$$

状态方程为

$$P = P_0 (R\theta_m / P_0 \alpha)^\gamma \tag{4.10}$$

假设 a 为一般变量，有

$$\nabla \cdot Va = \frac{\partial}{\partial x}(Ua) + \frac{\partial}{\partial y}(Va) + \frac{\partial}{\partial \eta}(\Omega a) \tag{4.11}$$

$$V \cdot \nabla a = U\frac{\partial a}{\partial x} + V\frac{\partial a}{\partial y} + \Omega\frac{\partial a}{\partial \eta} \tag{4.12}$$

其中，$\gamma = \dfrac{c_p}{c_v}$，为干空气定压热容和定容热容的比例；$R$ 为干空气比气体常数，P_0 为参考气压。F_U，F_V，F_W 和 F_Θ 分别为模式的物理过程、湍流混合、球面投影和地球旋转造成的强迫项。

方程（4.3）到方程（4.12）组成了 WRF 模式干的大气运动欧拉方程，但其过程中并没有考虑水汽影响，采用以下 3 个原则考虑湿的大气运动欧拉方程：① 预报变量与干空气质量结合；② 干空气质量守恒不变；③ 垂直坐标与干空气一致。定义下标"d"为干空气，"m"为湿空气，因此大气变量的通量形式可以重新定义为

$$\eta = \frac{(p_{dh} - p_{dht})}{\mu_d} \tag{4.13}$$

$$\frac{\partial \mu_d}{\partial t} + (\nabla \cdot V) = 0 \tag{4.14}$$

$$\frac{\partial \phi}{\partial t} + \frac{1}{\mu_d} \left[(V \cdot \nabla \phi) - gW \right] = 0 \tag{4.15}$$

$$\frac{\partial Q_m}{\partial t} + (\nabla \cdot V q_m) = F_{Q_m} \tag{4.16}$$

干空气的密度导数为

$$\frac{\partial \phi}{\partial \eta} = -\alpha_d \mu_d \tag{4.17}$$

状态方程为

$$P = P_0 (R_d \theta_m / P_0 \alpha_d)^\gamma \tag{4.18}$$

目前，WRF 的 ARW 模式支持 4 种地图投影，其中的经纬投影为非正形投影[174]，为了适合经纬投影方程和代码的通用性，ARW 中分别定义 x 和 y 方向地图投影的放大系数为 m_x 和 m_y，可表示为

$$(m_x, m_y) = \frac{(\Delta x, \Delta y)}{(\Delta x_e, \Delta y_e)} \tag{4.19}$$

式中 Δx 和 Δy 为投影面上的水平格距，为常数。Δx_e 和 Δy_e 为对应在地球上的实际距离，对于实际距离，可用投影进行表示，投影作用下的各变量可以表示为

$$U = \mu_d u / m_x,\ V = \mu_d v / m_y,\ W = \mu_d w / m_y,\ \Omega = \mu_d \dot{\eta} / m_y \tag{4.20}$$

投影面上的大气控制方程可以表示为

$$\frac{\partial U}{\partial t} + m_x \left(\frac{\partial U_u}{\partial x} + \frac{\partial V_u}{\partial y} \right) + \frac{\partial \Omega u}{\partial \eta} + \mu_d \alpha \frac{\partial p}{\partial x} + (\alpha / \alpha_d) \frac{\partial p}{\partial \eta} \cdot \frac{\partial \phi}{\partial x} = F_U \qquad (4.21)$$

$$\frac{\partial V}{\partial t} + m_y \left(\frac{\partial U_v}{\partial x} + \frac{\partial V_v}{\partial y} \right) + (m_y / m_x) \frac{\partial \Omega v}{\partial \eta} + \mu_d \alpha \frac{\partial p}{\partial y} + (\alpha / \alpha_d) \frac{\partial p}{\partial \eta} \cdot \frac{\partial \phi}{\partial y} = F_V \qquad (4.22)$$

$$\frac{\partial W}{\partial t} + (m_x m_y / m_y) \left(\frac{\partial U_w}{\partial x} + \frac{\partial V_w}{\partial y} \right) + \frac{\partial \Omega w}{\partial \eta} - \frac{g}{m_y} \left[(\alpha / \alpha_d) \frac{\partial p}{\partial \eta} - \mu_d \right] = F_W \qquad (4.23)$$

$$\frac{\partial \Theta}{\partial t} + m_x m_y \left(\frac{\partial U\theta}{\partial x} + \frac{\partial V\theta}{\partial y} \right) + m_y \frac{\partial \Omega\theta}{\partial \eta} = F_\theta \qquad (4.24)$$

$$\frac{\partial \mu_d}{\partial t} + m_x m_y \left(\frac{\partial U}{\partial x} + \frac{\partial V}{\partial y} \right) + m_y \frac{\partial \Omega}{\partial \eta} = 0 \qquad (4.25)$$

$$\frac{\partial \phi}{\partial t} + \frac{1}{\mu_d} \left[m_x m_y \left(U \frac{\partial \phi}{\partial x} + V \frac{\partial \phi}{\partial y} \right) + m_y \Omega \frac{\partial \phi}{\partial \eta} - m_y g W \right] = 0 \qquad (4.26)$$

干空气比容的诊断关系为

$$\frac{\partial \phi}{\partial \eta} = -\alpha_d \mu_d \qquad (4.27)$$

完整气压的诊断方程为

$$P = P_0 (R_d \theta_m / P_0 \alpha_d)^\gamma \qquad (4.28)$$

在动量方程右侧的源项中，不仅包含了强迫项，还存在科氏力、曲率项和其他混合项。在正投影中，$m_x = m_y = m$，与科氏力和曲率项相关的表达形式如下：

$$F_{U_{cor}} = + \left(f + u \frac{\partial m}{\partial y} - v \frac{\partial m}{\partial x} \right) V - \tilde{f} W \cos \alpha_r - \frac{uW}{r_e} \qquad (4.29)$$

$$F_{V_{cor}} = - \left(f + u \frac{\partial m}{\partial y} - v \frac{\partial m}{\partial x} \right) U + \tilde{f} W \sin \alpha_r - \frac{vW}{r_e} \qquad (4.30)$$

$$F_{W_{cor}} = + \tilde{f} (U \cos \alpha_r - V \sin \alpha_r) + \left(\frac{uU + vV}{r_e} \right) \qquad (4.31)$$

其中，α_r 是 y 轴与子午线的夹角；φ 为维度；$f = 2\Omega_e \sin \varphi$；$\tilde{f} = 2\Omega_e \cos \varphi$ 为地球的角速度；r_e 为地球半径。在各项同性的经纬度网格中，科氏力和曲率项的表达式可表示为

$$F_{U_{cor}} = \frac{m_x}{m_y}\left(fV + \frac{uV}{r_e}\tan\varphi \right) - \tilde{f}W\cos\alpha_r - \frac{uW}{r_e} \tag{4.32}$$

$$F_{V_{cor}} = \frac{m_y}{m_x}\left(-fU - \frac{uU}{r_e}\tan\varphi + \tilde{f}W\sin\alpha_r - \frac{vW}{r_e} \right) \tag{4.33}$$

$$F_{W_{cor}} = +\tilde{f}\left[U\cos\alpha_r - \left(\frac{m_x}{m_y}\right)V\sin\alpha_r \right] + \left[\frac{uU + (m_x/m_y)vV}{r_e} \right] \tag{4.34}$$

当考虑了水平气压梯度误差后，将新变量定义为相对于参考状态的偏差，大气变量可以表示为

$$
\begin{aligned}
p &= \overline{p}(\overline{z}) + p' \\
\phi &= \overline{\phi}(\overline{z}) + \phi' \\
\alpha &= \overline{\alpha}(\overline{z}) + \alpha' \\
\mu_d &= \overline{\mu}_d(x,y) + \mu_d'
\end{aligned}
\tag{4.35}
$$

在实际求解过程中，ARW 模式的动量方程的扰动形式可以写为

$$\frac{\partial U}{\partial t} + m_x\left(\frac{\partial U_u}{\partial x} + \frac{\partial V_u}{\partial y} \right) + \frac{\partial \Omega u}{\partial \eta} + \left(\mu_d\alpha\frac{\partial p'}{\partial x} + \mu_d\alpha'\frac{\partial \overline{p}}{\partial x} \right) + (\alpha/\alpha_d)\left(\mu_d\frac{\partial \phi'}{\partial x} + \frac{\partial p'}{\partial \eta}\cdot\frac{\partial \phi}{\partial x} - \mu_d'\frac{\partial \phi}{\partial x} \right) = F_U \tag{4.36}$$

$$\frac{\partial U}{\partial t} + m_y\left(\frac{\partial U_v}{\partial x} + \frac{\partial V_v}{\partial y} \right) + (m_y/m_x)\frac{\partial \Omega v}{\partial \eta} + \left(\mu_d\alpha\frac{\partial p'}{\partial y} + \mu_d\alpha'\frac{\partial \overline{p}}{\partial y} \right) +$$

$$(\alpha/\alpha_d)\left(\mu_d\frac{\partial \phi'}{\partial y} + \frac{\partial p'}{\partial \eta}\frac{\partial \phi}{\partial y} - \mu_d'\frac{\partial \phi}{\partial y} \right) = F_V \tag{4.37}$$

$$\frac{\partial W}{\partial t} + (m_xm_y/m_y)\left(\frac{\partial Uw}{\partial x} + \frac{\partial Vw}{\partial y} \right) + \frac{\partial \Omega w}{\partial \eta} - \frac{g}{m_y}\times(\alpha/\alpha_d)\left[\frac{\partial p'}{\partial \eta} - \overline{\mu}_d(q_v + q_c + q_r) \right] + \frac{g}{m_y}\mu_d' = F_W \tag{4.38}$$

此时，质量守恒方程和位势高度方程可表示为

$$\frac{\partial \mu_d'}{\partial t} + m_xm_y\left(\frac{\partial U}{\partial x} + \frac{\partial V}{\partial y} \right) + m_y\frac{\partial \Omega}{\partial \eta} = 0 \tag{4.39}$$

$$\frac{\partial \phi'}{\partial t} + \frac{1}{\mu_d}\left[m_xm_y\left(U\frac{\partial \phi}{\partial x} + V\frac{\partial \phi}{\partial y} \right) + m_y\Omega\frac{\partial \phi}{\partial \eta} - m_ygW \right] = 0 \tag{4.40}$$

扰动形式的静力方程可表示为

$$\frac{\partial \phi'}{\partial \eta} = -\alpha_{d} \mu'_{d} - \alpha'_{d} \bar{\mu}_{d} \qquad (4.41)$$

上述方程一起构成了 ARW 模式中实际求解的控制方程组[139]。

4.1.4　FNL 资料简介

FNL（Final Operational Global Analysis）资料为美国环境预报中心和国家大气研究中心共同推出的月平均再分析资料[175]与日平均再分析资料。目前，6 h 再分析资料集也已问世。这些资料对研究天气尺度和中尺度系统的变化过程提供了有利条件，为中尺度模式与区域气候模式提供了初始场和侧向边界条件。目前 FNL 资料被广泛应用在数值模式以及天气预报研究中，由于其过程同化了各类气象站观测资料，使得 FNL 资料的精度得到了大幅的提升，其保存的格式为：fnl_20161010_00_00。

FNL 资料采用二进制格式，目前随着技术的不断发展，FNL 的分辨率也在不断提高。第一阶段在 1976 到 1997 年，编码格式只有两种，其分辨率为 2.5°×2.5°，时间间隔为 12 h，累计有 12 个标准等压层，南半球和北半球的资料一般分块存放。第二阶段为 1997 到 2007 年，其资料的存放方式和分辨率与第一阶段一致，编码格式采用同样的 Grib 1 格式，有 16 个累计标准等压层。第三阶段为 1999 年至今，也是当前应用最广泛的 FNL 资料，其分辨率有了提升，达到了 1°×1°，时间间隔为 6 h，编码格式为 Grib 1。直到 2015 年 1 月份，编码格式改成了 Grib 2，标准等压层累积到了 26 个，每 6 h 进行一次数据分析。

FNL 资料每个文件包含了位势高度、温度、海平面气压等 29 种资料，可以通过软件对其进行数据转换，同时也可以利用 GRADS 对其进行图形显示。

4.2　复杂地形入口平均风场生成的"分块多项式插值法"

4.2.1　WRF 计算域选取与参数设置

本节以张花高速澧水大桥为背景，用中尺度非静力 WRF 模式，对 2014 年 12 月 20

日 00 点到 2014 年 12 月 21 日 00 点的风场进行数值模拟,模拟中心为(110.26E,29.13N),水平方向采用 5 重嵌套网格,如图 4.2 所示,网格尺寸布置如表 4.1 所示。其中,以桥址处为中心,最外层网格水平范围为 2 025 km,最内层网格水平距离为 50 km,计算域垂直方向设置 50 层,其中 1 km 以下布置 13 层,第一层网格高度为 25 m。初始场选用 2014 年 12 月 19 日 12∶00 时的 NCEP1°×1°再分析资料,积分时间采用 24 h。边界条件每 6 h 更新一次,每 15 min 输出一次模拟结果。在分析诊断时不考虑云和降水过程的影响。地形资料采用 NCEP 提供的全球 30 s 地形数据及 MODIS 下垫面分类资料。

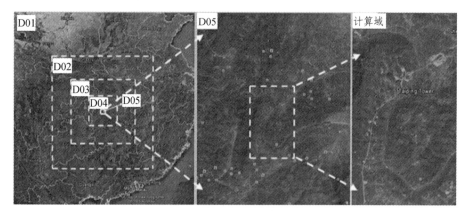

图 4.2　WRF 计算域

表 4.1　五层网格嵌套信息

区域	网格数	网格格距/km	区域尺寸/km	时间步长/s	层数
1	50	40.5	2 025×2025	243	50
2	91	13.5	1 228.5×1 228.5	81	50
3	161	4.5	724.5×724.5	27	50
4	181	1.5	271.5×271.5	9	50
5	101	0.5	50×50	3	50

在 WRF 的实际模拟过程中,水平方向定义在经度网格上,垂直方向定义在 η 层上,而垂直方向的 η 层是基于气压梯度建立起来的,与常用的坐标存在转换关系。在实际大气层中,气压每时每刻都有所不同,因此 η 值也是随时间变化的,但在较短的时间内(24 h 以内), η 值变化非常接近,因此可以近似地认为在较短的时间内, η 层所对应的海拔不

变。本书的计算高度达到 20 km，远远超出了土木工程所关心的范围，由于近地面风场的主要能量来源于近地面区域的热辐射、能量交换，为此，在近地面（1 000 m 以下）对网格进行了加密，提高了 WRF 在近地面位置的分辨率，使得 WRF 与 CFD 具有更多的数据进行耦合传递，从而提高耦合精度。

4.2.2　LES 计算域选取与参数设置

本文的计算域大小和参数设置与第 2 章 2.4.1 节保持一致。

4.2.3　分块多项式插值方法

以往研究中，山区峡谷风场入口边界条件的给定对经验公式依赖较强，给定过程一般选取一基准点然后以风剖面的形式赋给大涡模拟的入口边界。而在实际模拟过程中，对峡谷风场研究时其计算域不可能无穷大，因此不可避免地会对模型进行截断。而在截断处由于复杂地形的影响使得入口近地面高程不一致，会出现"人为峭壁"现象，如图 4.3 所示。

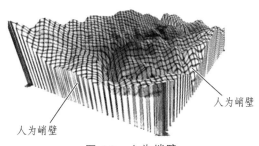

图 4.3　人为峭壁

目前对复杂地形平均风场的给定以指数率和对数率风剖面形式居多，而这种方法给定的入口边界条件只能以某基准点为参考，一般参考点选取模型入口处的最低点（如不是最低点，高程在参考点以下区域风速为零），如图 4.4（a）所示。这种情况给定的风速与实际情况存在较大的误差，它使得近地面风速不为零，过高地估计了峡谷风场中高程相对较高处的入口风速。因此，其模拟结果的准确性值得商榷。本节基于 WRF 软件给出了更为合理的入口边界，其形式如图 4.4（b）所示。该情况使得风场在峡谷近地面区域与实际情况更为接近。

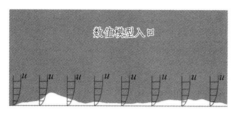

(a)传统入口边界

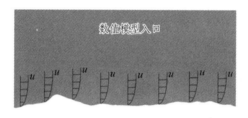

(b)合理入口边界

图 4.4　计算域入口处风剖面示意图

注：风速方向垂直于纸面向里。

　　WRF 的研究对象为中尺度气象模式，其网格量级一般为数百米，LES 的网格分辨率一般为数米，二者不在同一量级，如何让二者在边界处进行耦合对接，是后续流场正确模拟的重要保障。

　　为解决 WRF 边界到 CFD 入口边界无缝对接问题，本文利用分块多项式插值的方法对 WRF 数据进行了处理，如图 4.5 所示。通过插值后的结果可以满足 CFD 入口边界条件的基本要求。对于地势相对平坦的平原或洋面地区，由于其风速大小波动不大，单纯的一面插值便可以满足工程的需要，而对于地形复杂多样的山区，由于风速波动较大，风剖面紊乱，单纯的整面插值结果与实际情况存在较大偏差。因此，为提高入口面的插值精度，本文对入口处的风速进行分块多项式插值。研究过程中，对入口处进行不同数量分块的尝试，首先考虑了整块面的插值，发现其插值效果并不理想，在入口处仍然出现了人为峭壁引起的入口地面位置风速不为零的现象，插值后的速度云图如图 4.6（a）所示。通过对 WRF 模拟出来的速度进行分析，发现在山区峡谷地形位置，风速波动的主要原因是山体地形对其的扰动，因此本文以山体地形的起伏状况为划分原则，在近地面山体复杂区域分块较多，而远离地面区域分块较少。计算结果显示，分块越多，其结果与气象数据吻合越好，但是考虑到分块插值的工作量问题，本节对入口边界进行了 5 块划分，其具体划分区域与速度云图如图 4.6（b）所示。从图中可以发现分 5 块插值在近地面风场效果要明显优于整块插值情况。

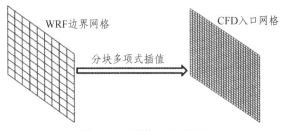

图 4.5　速度插值示意图

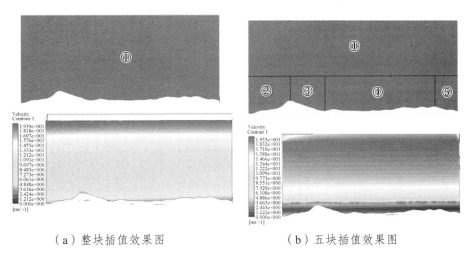

（a）整块插值效果图　　　　　（b）五块插值效果图

图 4.6　不同分块插值效果示意图

综上所述，本文分块以地形起伏状况为原则，在近地面地形起伏较大的地方进行较密的分块，而在远离地面位置分块较少，分块后分别对每块区域的风场进行多项式拟合。由于 WRF 模式的最底层网格有 25 m，得不到近地面的风速分布情况，而近地面风速是我们十分关心的部分，本文在近地面（0～25 m）人为地加了 4 排数据，地面数据赋 0 m/s，以 WRF 提供的网格中心（12.5 m）处的风速为参考风速。基于幂指数分布规律按照 D 类风场进行插值，分别得到 0 m、5 m、10 m 和 18 m 4 个高度处的风速值，进而考虑 25 m 内的风速分布。

为得到入口边界风速大小的表达式，对 2014 年 12 月 20 日 00 点 00 分到 2014 年 12 月 20 日 00 点 15 分时段入口风速取平均后用多项式拟合，其分块拟合结果如图 4.7 所示，拟合公式如表 4.2 所示。

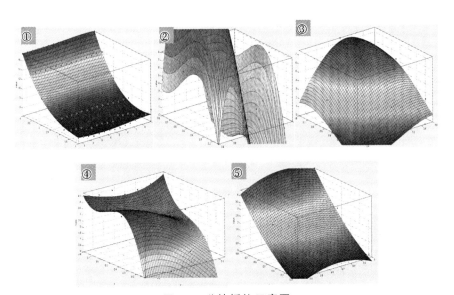

图 4.7 分块插值示意图

表 4.2 分块拟合的公式

编号	拟合的公式
①	$v = 5.282 - 0.239\ 7 \times x + 0.835\ 8 \times z + 0.088\ 2 \times x^2 - 0.187 \times x \times z - 0.645\ 2 \times z^2 - 0.004\ 36 \times x^3 - 0.005\ 9 \times x^2 z + 0.046 \times x \times z^2 + 0.302\ 7 \times z^3$
②	$v = -158.3 + 461.9 \times x + 92.6 \times z - 444.4 \times x^2 + 86.47 \times x \times z - 248.5 \times z^2 + 125.9 \times x^3 - 5.04 \times x^2 z - 38.54 \times x \times z^2 + 158 \times z^3$
③	$v = 71.18 - 75.37 \times x - 125 \times z + 24.73 \times x^2 + 87.23 \times x \times z + 35.12 \times z^2 - 2.581 \times x^3 - 14.11 \times x^2 z - 4.796 \times x \times z^2 - 23.08 \times z^3$
④	$v = -24.53 + 9 \times x + 89.67 \times z - 1.246 \times x^2 - 10.28 \times x \times z - 130.3 \times z^2 + 0.04 \times x^3 - 0.958 \times x^2 z - 0.775 \times x \times z^2 + 79.7 \times z^3$
⑤	$v = -448.8 + 103.3 \times x + 1.182 \times z - 5.949 \times x^2 + 0.1 \times x \times z + 5.482 \times z^2$

注：表中 x, z 分别代表数值模拟入口面的水平坐标和竖向坐标值。

　　将不同时刻的风速进行曲面拟合,生成所需要的入口剖面信息后分别通过 UDF 程序将风场信息赋给大涡模拟的入口边界,由于计算量较大,所有工况采用超线程48核工作站进行并行计算,入口边界每隔 15 min 更新一次。

　　本书 CFD 模拟过程中,入口边界条件采用分块多项式拟合后的风剖面,地表边界条件采用无滑移边界，顶面采用自由滑移边界，侧面采用对称边界，出口采用压力出口。求解方面，本文的 N-S 方程采用 PISO 方法进行求解，对流项和扩散项均采用二阶中心差分格式，用超松弛方法（SOR）求解压力 Poisson 方程，压力和动量松弛因子分别取 0.3 和 0.7。

4.3　结果验证

为验证本章所提方法的正确性，对 2014 年 12 月 20 日 00 时到 2014 年 12 月 21 日 00 时的山区峡谷风场进行计算，同时对桥塔站和桥跨站的风速时程进行现场监测，将数值模拟结果与现场实测的风速和风向角取小时平均后的结果进行对比，结果如图 4.8 和图 4.9 所示。

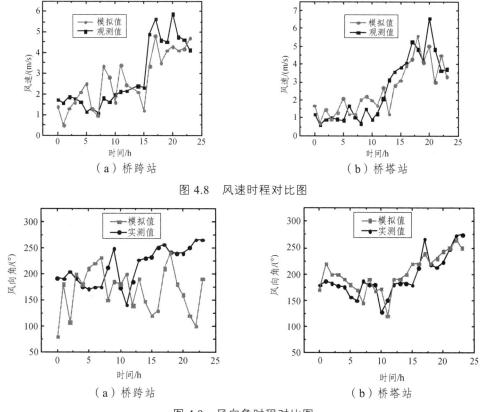

（a）桥跨站　　　　　　　　　　　（b）桥塔站

图 4.8　风速时程对比图

（a）桥跨站　　　　　　　　　　　（b）桥塔站

图 4.9　风向角时程对比图

通过对比 24 h 桥塔站和桥跨站的风速时程和风向角发现，基于 WRF 的多尺度耦合方法能生成有效的入口边界，这种入口边界模拟的桥址处风场能与现场实测值吻合较好，当风速较低时，数值模拟结果偏差较大。风速较高时，模拟结果与实测值吻合较好。从风速和风向角的变化趋势来看，本文模拟结果能较好地确定风速和风向角的变化规律，因此证明了本文所提方法的正确性。对比桥塔站和桥跨站模拟结果发现，不论是风速还是风偏角，桥塔站的模拟结果都要优于桥跨站，主要原因是桥跨站地势相对较低，受到主梁、山体等障碍物的影响，风场的局部特性发生了改变，而桥塔站由于地势较高，地形对风场的干扰相对桥跨站要小，因此使得模拟结果要优于桥跨站，由此也可发现，近地面障碍物对数值模拟的精度有一定的影响。

4.4　本章小节

本章基于中尺度气象软件 WRF，利用多尺度耦合的方法生成了满足山区峡谷桥址大涡模拟的入口边界，通过分析研究得到了以下成果和结论。

（1）将中尺度气象模式 WRF 的计算结果运用到山区峡谷风场 CFD 数值模拟的入口边界上，较好地解决了复杂地形风场数值模拟过程中平均风入口难以合理给定的问题。

（2）运用"分块多项式插值"方法较好地处理了中尺度模式 WRF 与微尺度 CFD 软件的对接问题，同时也较好地处理了以往数值模拟过程中出现的"人为峭壁问题"。

第 5 章
山区峡谷桥址处风场数值模拟研究

第 3 章和第 4 章分别介绍了大涡模拟入口脉动风速和平均风速的给定方法，其中对复杂地形而言平均风速的给定可以通过分块多项式插值法直接获取。而脉动风速目前还不能通过降尺的方法直接进行提取，虽然可按照本书第 3 章所提方法进行给定，但对复杂地形脉动风速合成的实际操作过程中需要已知合成区域的风速功率谱，目前山区风场的风速功率谱的准确获取还较为困难，因此本节对一实际复杂地形的风速进行了实时监测，获得满足当地风场分布的实际功率谱，再用谐波合成方法进行入口风速合成，并赋给实际山区复杂地形大涡模拟的入口边界。

5.1 山区峡谷桥址实际风场入口边界给定方法

5.1.1 风速实时监测系统

脉动风速在山区峡谷桥梁的风致振动中扮演着非常重要的角色，利用中尺度模式通过降尺的办法可以较好地获取平均风速，但是脉动风却不能直接提取。为了获得准确的脉动风特性，在计算域模型入口位置建立了一个 10 m 高的风速站。监测站风速仪布置在平坦地区，可近似认为其风场特性与数值模拟入口接近，具体布置如图 5.1 所示。

除入口位置外，对桥跨和桥塔位置也进行风速监测，布置了 Young 81000 三维超声风速仪。为降低桥梁构造物对风场的影响，风速仪均布置在盛行风方向同侧。具体位置如图 5.2 所示（其中星星标识为风速仪安装位置），风速仪采样频率为 4 Hz。为实现对风速的实时观测，利用 GPRS 无线传输系统，将现场实时风速数据通过无线传输至学校的风速采集中心[162]。

图 5.1　观测站风速仪

图 5.2　桥位布置图

通过对观测站风速的监测，可得到观测站位置任一时刻的风场特性分布，将观测站的时程数据进行功率谱分析并进行拟合，其拟合形式为

$$\frac{nS_u(n)}{u_*^2} = \frac{Af}{(1+Bf)^C} \tag{5.1}$$

其中，$S_u(n)$ 为顺风方向功率谱密度函数，n 为脉动频率，$f = nZ/U（Z）$，u_* 为地面摩擦系数。通过对上节同样时间段风速时程进行拟合，得到入口处风速时程的拟合谱和拟合方程，如图 5.3 所示。

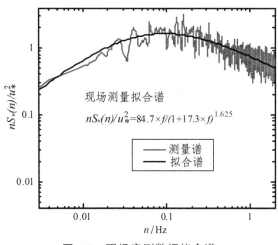

图 5.3　现场实测数据拟合谱

5.1.2　数值模拟边界条件与计算参数设置

本节平均风场按第 4 章所述的"分块多项式插值法"进行给定。利用 WRF 提供的气象数据，通过分块多项式拟合的方法得到满足实际平均风场的风速表达式。脉动风速依据上述拟合功率谱，采用谐波合成法合成入口处的脉动风速，综合考虑平均风速和脉动风速，然后通过编制 UDF 程序对商业软件 FLUENT 进行二次开发，将风速的随机时程赋给数值模型的入口边界。除入口边界外其他边界条件和计算参数与上一章保持一致。

5.1.3　结果验证

1. 计算云图

为得到脉动入口对数值模拟结果的影响，本节对同一模型考虑了两种入口边界条件：一为有脉动的入口边界，定义为工况 1；二为没有脉动的入口边界，定义为工况 2。两种工况除入口边界不同外，其余所有边界条件和计算参数均保持一致。通过对两种工况进行计算得到的速度云图如图 5.4 所示。从图中可以发现，拥有脉动入口边界的计算结果具有明显的脉动特性，其局部风速在不同地点也有所不同，这是由于脉动入口边界使得流场产生了许多漩涡，改变了局部风速大小。

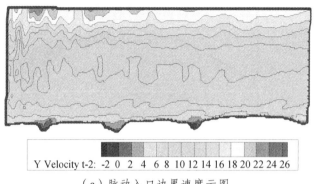

（a）脉动入口边界速度云图

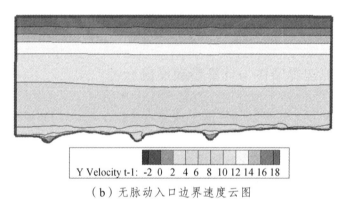

（b）无脉动入口边界速度云图

图 5.4 速度云图

2. 湍流度

为验证本节所提入口脉动边界条件的正确性与优越性，将不同工况作用下桥跨站和桥塔站的湍流度模拟结果与现场实测值进行了对比，如表 5.1 所示。从表中可以发现，不论是桥跨站还是桥塔站，工况 1 的湍流度模拟结果都要明显高于工况 2，说明不考虑脉动风作用下桥址处风速波动较小，没有体现出良好的三维紊流特性，同时也证明了脉动入口边界给桥址处风场带来了较大扰动，具有更好的三维紊流风场特性。将两种工况的模拟结果与现场实测值进行对比发现：工况 1 与现场实测数据更为接近，但数值要略小于实测数据。其主要原因有：① 现场实测风速属于阵风，离散大，而数值模拟过程中谐波合成的风场更为连续；② 大涡模拟过程中由于亚格子耗散和网格过滤的影响，使得湍动能出现耗散，从而导致湍流度值偏小。

表 5.1　不同工况下的湍流度值

工况	桥跨站	桥塔站
	湍流度	
无脉动入口	22.3%	15.7%
脉动入口	26.4%	22.6%
场地测量	34.5%	27.3%

3. 功率谱

对不同入口来流作用下桥跨站风速功率谱的模拟值和实测值进行对比，如图 5.5 所示。

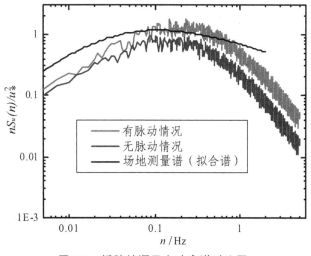

图 5.5　桥跨站顺风向功率谱对比图

从图中可以明显观察到工况 1 和工况 2 作用下的功率谱能量幅值均小于现场实测值，其原因与湍流度值偏小一致。同时还可以观察到工况 1 的功率谱能量幅值要大于工况 2，且与实测谱相比更为接近，特别是在大跨度桥梁抗风中所关注的频率段（0.1～1 Hz），考虑脉动入口的数值模拟结果与现场实测值基本一致。因此体现出了本文所提方法的正确性，也证明了本文所用方法能较好地适用于山区峡谷大跨度桥梁。同时还可以观察到在高频处数值模拟结果相对实测结果出现下降，主要原因是数值模拟过程中会出现频率衰减现象，加密网格和优化大涡模拟亚格子模型会改善此问题。最后，本节对桥跨站与桥塔站两点的风速相关性进行了分析，由于两点相距 600 m，其相关性非常微弱，几乎可以等效为相互独立情况。

5.2 山区复杂地形实际风场数值分析

本节将以澧水大桥所在峡谷为研究背景，结合桥梁工程的需要，对桥址位置的详细风场进行实际分析。

5.2.1 模拟工况

模拟过程中，平均风速入口边界条件由上述"分块多项式插值法"得到。模拟时间为 2014 年 12 月 20 日 18:00 到 2014 年 12 月 20 日 18:15，脉动风速由上述谐波合成法进行获取。除入口边界外，其余边界条件和计算参数与第 4 章模拟工况保持一致。为得到澧水大桥桥址处的详细风场特性分布，在主梁的水平方向和跨中竖直方向分别建立风速监测点，如图 5.6 所示。

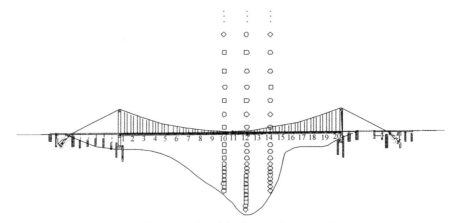

图 5.6 数值模拟过程中桥位处风速监测点布置图

5.2.2 参数定义

分析峡谷桥址风场之前首先对其参数进行定义，其中，入口来流方向为自南向北方向，如图 5.7 所示。其中，U_1 代表横桥向平均风速，U_2 代表顺桥向平均风速，U_3 代表竖向平均风速，这些风速可以在数值模拟过程中进行获取，研究过程中角度定义如图 5.8 所示。

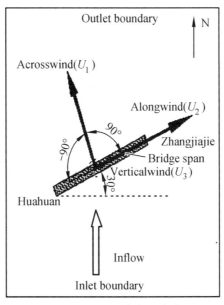

图 5.7　不同风向角示意图

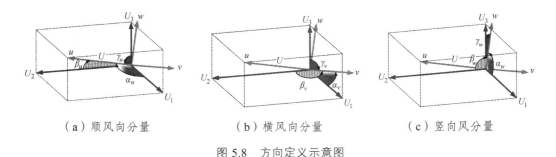

（a）顺风向分量　　　　　　（b）横风向分量　　　　　　（c）竖向风分量

图 5.8　方向定义示意图

结合图 5.8，各变量指标可由下式进行描述：

$$U = \sqrt{U_1^2 + U_2^2 + U_3^2} \tag{5.2}$$

$$(\cos\alpha_u, \cos\beta_u, \cos\gamma_u) = (U_1, U_2, U_3)/U \tag{5.3}$$

$$\begin{aligned}
(\cos\alpha_v, \cos\beta_v, \cos\gamma_v) &= \frac{(0,0,1)\times(\cos\alpha_u, \cos\beta_u, \cos\gamma_u)}{|(0,0,1)\times(\cos\alpha_u, \cos\beta_u, \cos\gamma_u)|} \\
&= \frac{(-\cos\beta_u, \cos\alpha_u, 0)}{\sqrt{\cos^2\alpha_u + \cos^2\beta_u}}
\end{aligned} \tag{5.4}$$

$$\begin{aligned}
(\cos\alpha_w, \cos\beta_w, \cos\gamma_w) &= \frac{(\cos\alpha_u, \cos\beta_u, \cos\gamma_u)\times(\cos\alpha_v, \cos\beta_v, \cos\gamma_v)}{|(\cos\alpha_u, \cos\beta_u, \cos\gamma_u)\times(\cos\alpha_v, \cos\beta_v, \cos\gamma_v)|} \\
&= \frac{(-\cos\alpha_u\cos\gamma_u, -\cos\beta_u\cos\gamma_u, \cos^2\alpha_u + \cos^2\beta_u)}{\sqrt{\cos^2\alpha_u + \cos^2\beta_u}}
\end{aligned} \tag{5.5}$$

其中，脉动风速的顺风、横风和竖向分量可以最后表示为

$$u(t) = U_1(t)\cos\alpha_u + U_2(t)\cos\beta_u + U_3(t)\cos\gamma_u - U \tag{5.6}$$

$$v(t) = U_1(t)\cos\alpha_v + U_2(t)\cos\beta_v + U_3(t)\cos\gamma_v \tag{5.7}$$

$$w(t) = U_1(t)\cos\alpha_w + U_2(t)\cos\beta_w + U_3(t)\cos\gamma_w \tag{5.8}$$

风攻角和风向角可以表示为

$$\beta = \arctan\frac{U_2}{U_1} \tag{5.9}$$

$$\alpha = \arctan\frac{U_3}{U_1} \tag{5.10}$$

5.2.3　盛行风作用下桥址位置的详细风场

为了获得山区峡谷桥址位置详细的流场分布，本节对盛行风作用下的流场特性进行分析。分析过程中，对桥址主梁位置和主梁沿峡谷方向上下游各 400 m 方向的风速进行监测，其示意图如图 5.9 所示。其中，A、B、C 分别为主梁上游、主梁和主梁下游所在位置。

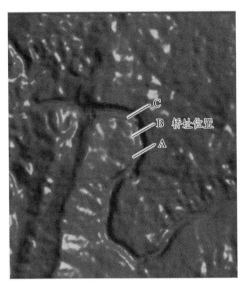

图 5.9 模拟监测位置示意图

1. 平均风速

通过计算分析得到了盛行风作用下平均风速 U_1、U_2 和 U_3 沿 A、B、C 的分布情况，如图 5.10 所示。从图中可以发现在 3 个位置平均风速有着明显的不同，即使在同一位置，风速在 3 个方向也存在明显偏差，说明复杂山体给峡谷桥址风场带来了较大扰动。同时，由于风场在峡谷地区受到峡谷内部和峡谷外部两种流场的耦合作用，使得平均风速在 600 m 到 800 m 位置有着明显的增大趋势，从而导致风场在峡谷右侧边缘出现 "爬坡效应"。如图 5.11 所示，该图也表明了峡谷桥址处风场受到峡谷内外风场的双重作用使得风场在双重作用区域变得更加复杂。

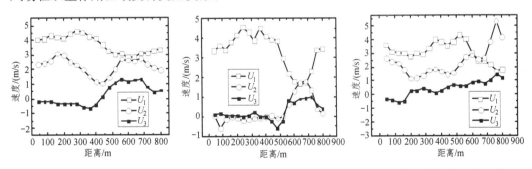

（a）A 位置平均风速分布情况 （b）B 位置平均风速分布情况 （c）C 位置平均风速分布情况

图 5.10 3 个位置的平均风速分布情况

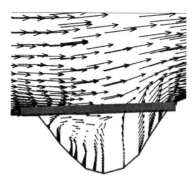

图 5.11　桥址位置的速度矢量图

2. 平均风剖面

对上述 3 个位置跨中的平均风剖面进行分析，对平均总风速 U 进行无量纲化，其中，高度 H_r 为 800 m，速度 U_r 为 7.16 m/s，利用指数率风剖面对其结果进行拟合，如图 5.12 所示。

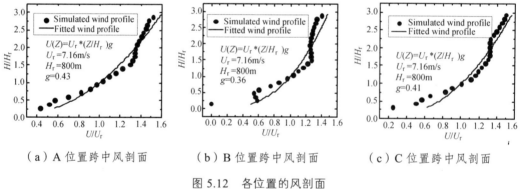

（a）A 位置跨中风剖面　　　（b）B 位置跨中风剖面　　　（c）C 位置跨中风剖面

图 5.12　各位置的风剖面

从图 5.12 中可以发现，风剖面没有严格地遵循指数率规律但能基本反映指数率增长的趋势，主要原因是入口风剖面是根据 WRF 直接提供的。同时在图中也可以发现指数率 g 的数值在 A、B、C 3 个位置分别为 0.43、0.36 和 0.41。其平均值为 0.4，要明显高于公路桥梁抗风指南里面规定的 D 类地表风剖面指数（0.3）。因此，再次说明了在山区峡谷桥址处的风场相比规范所述风场要更为复杂。

3. 风向角和风攻角

风向角和风攻角是桥梁抗风中非常重要的参数，需引起足够的重视。因此，本节对 3 个位置的风攻角和风向角进行分析，其结果如图 5.13 所示。

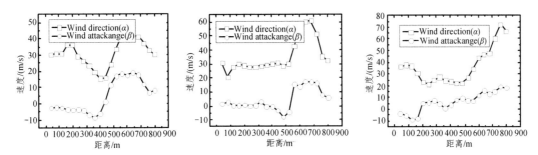

（a）A 位置风攻角和风向角分布（b）B 位置风攻角和风向角分布（c）C 位置风攻角和风向角分布

图 5.13　不同位置风攻角和风向角分布

从图 5.13 可以发现 3 个位置风攻角和风向角有着明显不同,特别是在 600 m 到 800 m 位置,风攻角有明显的增大趋势,主要原因是在该区域的竖向风速有着明显增大,由于风攻角是桥梁抗风中非常重要的参数之一,当大的风攻角出现时,需要引起足够的重视。

4. 湍流度

湍流度的公式可以表示为 $I = \dfrac{\sigma}{U}$,图 5.14 显示了 3 个不同位置跨中顺风方向的湍流度剖面示意图,从图中可以明显观察到在不同位置湍流度值在近地面要远远高于远离地面区域,说明风场在近地面有相对较大的脉动。当高度大于 1 000 m 后,沿高度方向的湍流度基本趋于稳定。从图中还可以观察到位置 C 的湍流度值要大于其他位置,主要原因是峡谷在该位置出现了拐角使得风场变得更为复杂,从而导致湍流度值增大。

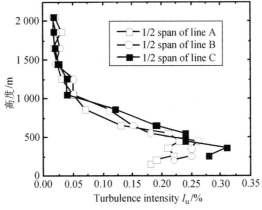

图 5.14　不同位置顺风向湍流度剖面

5. 功率谱

为了获得更详细的脉动特性，对桥跨站的顺风向、横风向和竖向湍流进行了分析，对其风速功率谱进行了拟合，其拟合功率谱如式（5.2）~（5.3）所示，将拟合功率谱和标准谱进行了对比，如图 5.15 所示。

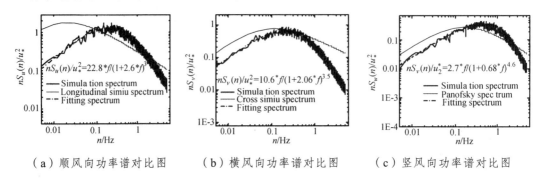

（a）顺风向功率谱对比图　　（b）横风向功率谱对比图　　（c）竖风向功率谱对比图

图 5.15　桥跨站 3 个方向的功率谱对比图

顺风向谱：

拟合谱：
$$\frac{nS_u(n)}{u_*^2}=\frac{22.8f}{(1+2.6f)^3}$$

顺风向 Simiu 谱：
$$\frac{nS_u(n)}{u_*^2}=\frac{200f}{(1+50f)^{5/3}} \tag{5.11}$$

横风向谱：

拟合谱：
$$\frac{nS_v(n)}{u_*^2}=\frac{10.6f}{(1+2.06f)^{3.5}}$$

横风向 Simiu 谱：
$$\frac{nS_v(n)}{u_*^2}=\frac{15f}{(1+9.2f)^{5/3}} \tag{5.12}$$

竖风向谱：

拟合谱：
$$\frac{nS_w(n)}{u_*^2}=\frac{2.7f}{(1+0.68f)^{4.6}}$$

Panofsky 谱：
$$\frac{nS_w(n)}{u_*^2}=\frac{6f}{(1+4f)^2} \tag{5.13}$$

Simiu 谱和 Panofsky 谱是我国规范目前所采用的功率谱，图 5.15 将数值模拟谱和标准谱进行了对比，其对比结果显示数值模拟谱和标准谱有着明显不同，模拟谱在低频部分（$f < 0.1$ Hz）其值要明显低于标准谱。但是在我们大跨度悬索桥抗风所关心的频率段（$0.1 \sim 1$ Hz），数值模拟值要稍大于标准谱。说明标准谱不适用于复杂的山区峡谷桥址地区，如果将目前标准中的功率谱作为目标谱来对山区峡谷大跨度桥梁进行设计，其结果偏不安全。

5.3　山区峡谷桥址处风场特性的规律性研究

为得到不同风向角作用下桥址位置风场特性的分布规律，对桥址位置 18 种工况进行了计算，每个工况风向角相距 20°，各风向角示意图如图 5.16 所示。

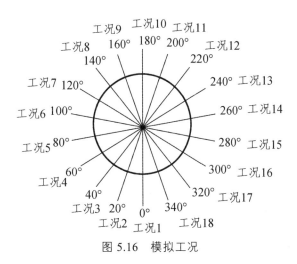

图 5.16　模拟工况

为了使各工况风速统一，将上节工况的入口风速定义为 U_0，本节利用改变模型的边界条件和入口风速大小从而改变风向角，各风向角作用下入口风速与 U_0 的关系如图 5.17 所示。

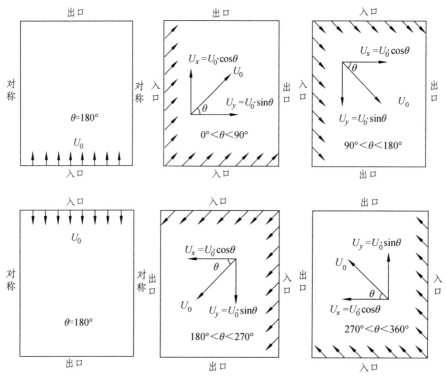

图 5.17　不同风向角作用下的边界条件

5.3.1　速度云图

　　图 5.18 给出了不同风向角作用下山区峡谷风场的速度云图,其截取面位置与主梁高度一致,白色区域为高程大于主梁高度的山体。从这些图中可以观察到不同风向角作用下山区风场有着明显不同。在峡谷桥址处,当风向角为 40°、140° 和 160° 时,风速较大。而在风向角为 80°、100° 和 260° 时,其风速偏小。同时,在同一风向角作用下桥址风速也存在明显差异,这些差异说明复杂山体地形给峡谷风场带来了较大扰动。

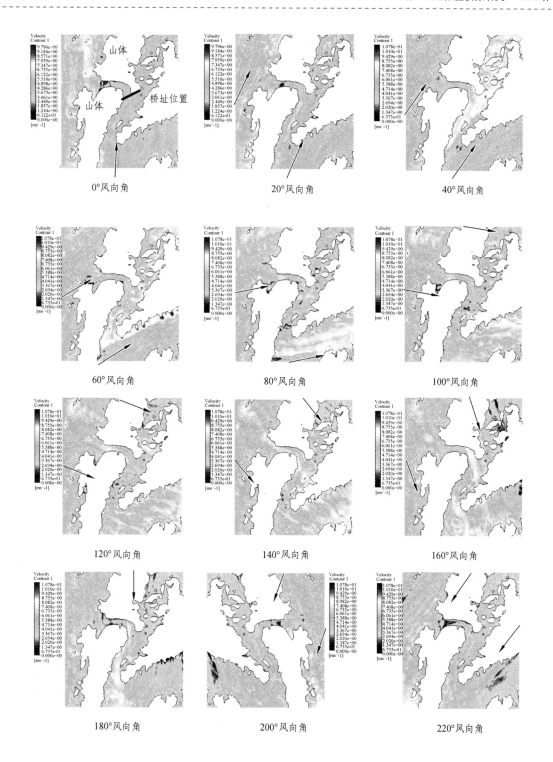

0°风向角

20°风向角

40°风向角

60°风向角

80°风向角

100°风向角

120°风向角

140°风向角

160°风向角

180°风向角

200°风向角

220°风向角

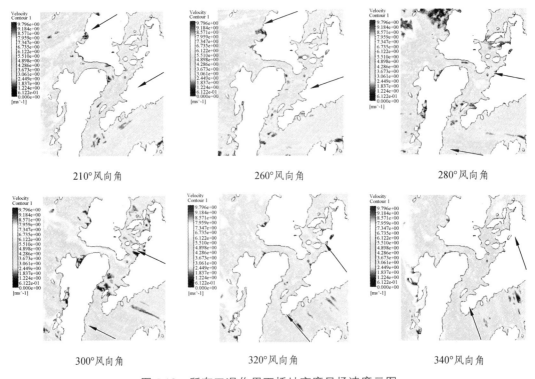

210°风向角　　　　　　　　260°风向角　　　　　　　　280°风向角

300°风向角　　　　　　　　320°风向角　　　　　　　　340°风向角

图 5.18　所有工况作用下桥址高度风场速度云图

5.3.2　风速分布

通过对主梁所在位置风速进行监测，得到了沿主梁水平方向和跨中竖直方向的风速分布情况，分别如图 5.19 和图 5.21 所示。

1. 主梁水平方向风速分布

图 5.19 给出了风速在主梁位置从左至右的分布情况，从图中可以发现，不同风向角作用下主梁位置的风速呈现出不同的数值，当风向角为 20°、40°、60°和 80°时，主梁从左至右风速整体呈上升趋势。通过分析发现该类风向角属于西南风，即当西南风来流越过陡峭的西南侧山体后，由于山体的背风效应，使得峡谷左侧位置风速偏低，而峡谷右侧风速出现爬坡现象，从而导致风速在主梁位置从左至右呈上升趋势。在图中还可以发现风向角为 100°和 220°的时候风速在主梁位置相对平缓，主要原因是该工况的风向角与

峡谷走势较为接近，此时风速顺峡谷流动具有较好的稳定性。

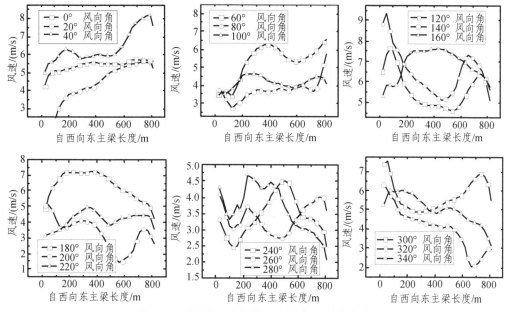

图 5.19　不同工况作用下主梁位置风速分布

对主梁高度所有监测点的风速取平均，得到了不同风向角作用下主梁高度处的平均风速分布情况，如图 5.20 所示。从图中可以发现，当风向角为 160°时，其平均风速最大，主要原因是 160°风向角与桥址所在峡谷走向一致，使得风速在峡谷中出现了加速效应。最低风速则出现在 260°风向角附近，此时峡谷风向受两侧山体的影响使得风速偏低。

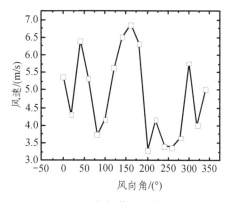

图 5.20　不同风向角作用下桥址平均风速

2. 高度方向风速分布

通过对主梁跨中位置沿高度方向的风速进行监测，得到了不同工况作用下主梁跨中位置的风剖面分布，如图 5.21 所示。从图中可以发现不同风向角作用下主梁跨中风剖面边界层高度有所不同。当风向角为 100°、120°、140° 和 160° 时，边界层相对较高，其主要原因是这些工况作用下风速受到了西南侧高大山体的干扰。同时当风向角为 300°、320° 和 340° 时，由于东南侧山体的影响，也使得边界层较为紊乱，对于其他位置由于来流没受到高大山体的阻挡其边界层相对较低，风速稳定且较快。总之，山体起伏状况是影响风剖面边界层的主要原因。

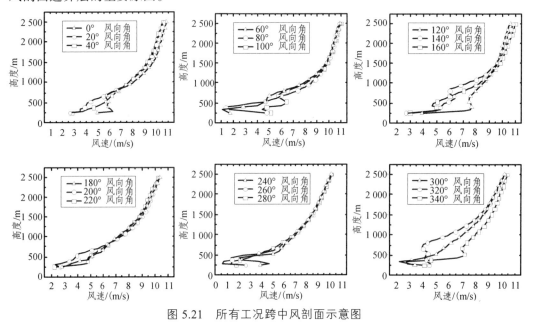

图 5.21 所有工况跨中风剖面示意图

5.3.3 风向角与风攻角分布

通过对主梁位置 3 个方向的风速进行监测，得到了所有工况作用下主梁位置的风向角和风攻角分布，如图 5.22 和图 5.24 所示。需要说明的是，图中所有风向角数值均是减去来流风向角后的最终风向角改变值。从图 5.22 中可以发现当入口来流风向角为 0°、60°、80° 和 280° 时，风向角改变值相对较大，其原因是此类风向角的入口来流受到了西南侧和东南侧高大山体的影响。当入口来流风向角为 40°、100°、220° 时，风向角改变值较小，其原因是这类工况作用下到达峡谷内部的风场顺峡谷流动。通过对不同工况风向角进行分析可以发现：当入口来流经高大山体后流入峡谷，峡谷内部风向角变化较大，而顺峡谷流动时，其风向角改变值较小。

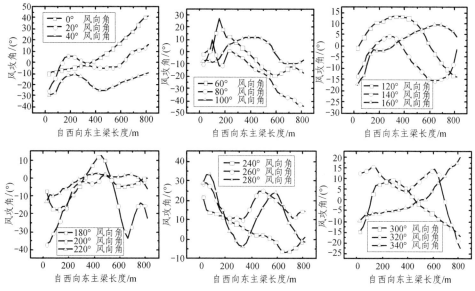

图 5.22　不同工况作用下主梁位置风向角变化

对主梁位置所有风向角取平均，得到了不同风向角作用下主梁位置的平均风向角改变值分布情况，如图 5.23 所示。从图中可以发现当入口风向角为 260° 时，主梁的平均风向角改变值最大，其值为 18°；280° 风向角作用下其平均风向角改变值也达到了 13°；60°和 80° 风向角作用下平均风向角改变值为 −18°。说明这些工况作用下山体地形对峡谷内水平风向的影响较为显著。

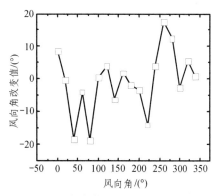

图 5.23　不同风向角作用下主梁平均风向角变化

图 5.24 给出了不同风向角作用下主梁位置的风攻角分布情况,从图中可以发现当风向角为 80°、120°、140°、180°、200°、240°、260°、280°、300°作用下风攻角变化较大,这些大风攻角的出现说明了风场在主梁位置产生了较大的竖向分量,也再一次证明了复杂山体对风场产生了较大的扰动作用。而风攻角是桥梁抗风的重要参数,当风向角为 140°和 300°时,其风速较大,而当风速和风攻角同时偏大时,需要引起重视。

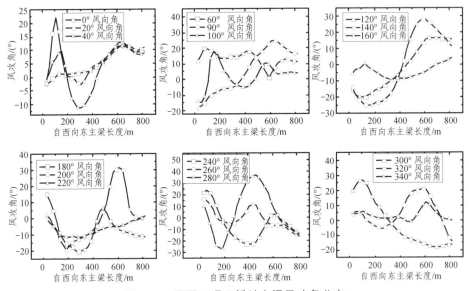

图 5.24 不同工况下桥址主梁风攻角分布

图 5.25 给出了不同风向角作用下的平均风攻角分布情况,图中可观测到正风攻角出现的工况有 1、2、3、4、5、6、15、17 号工况,特别是 4 号工况其平均正风攻角达到了 10°以上。

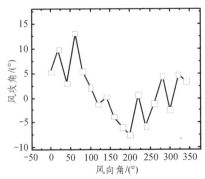

图 5.25 不同工况下主梁处平均风攻角变化

5.3.4　峡谷桥址位置的风速加速因子分析

以主梁所在峡谷为目标区域,对其速度时程
进行监测,取平均后对其风速放大效应进行分析,
风速放大效应系数为主梁所在位置的风速与主梁
同一高度入口处风速的比值。通过对主梁位置的
风速放大系数进行分析,得到各工况作用下风速
放大系数如图 5.26 所示。从图中可以发现,风速
放大系数在风向角为 60°、140°、160° 和 180° 时超
过了 1,说明在这些时刻桥址位置出现了加速效
应,这些工况作用下放大效应出现的主要原因是
来流风向与峡谷走向一致,当峡谷走向与来流风

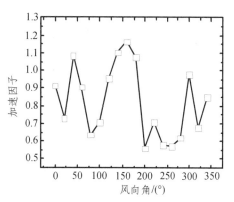

图 5.26　不同工况下峡谷加速因子示意图

向角偏差较大时,风速放大系明显减小。因此表明峡谷风速放大效应主要受峡谷走向
和来流风向的影响。

5.3.5　不同入口来流作用下峡谷风场规律分析

上节得到了不同风向角作用下峡谷桥址位置的风速、风攻角、风向角和风剖面分布
情况。为得到普适性的规律,将入口来流分为 3 类:① 来流经过山体后跨越峡谷流动;
② 来流经过山体后顺峡谷流动;③ 来流未经过山体顺峡谷流动。通过分析发现这 3 种
工况对应的风向角分别为 40°、80° 和 220°、如图 5.27 所示。

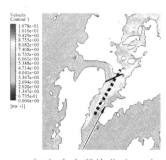
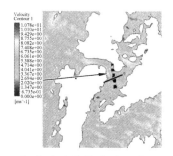
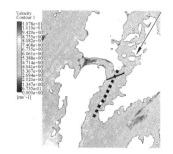

（1）有山顺峡谷（40°）　　　（2）有山跨峡谷（80°）　　　（3）无山顺峡谷（220°）

图 5.27　不同类型风场所对应风向角示意图

图 5.28 给出了 3 种不同来流作用下桥址处的平均风速、风向角和风攻角改变值的分布情况。通过分析得到了 3 种情况下各类指标的排序情况，如表 5.2 所示。

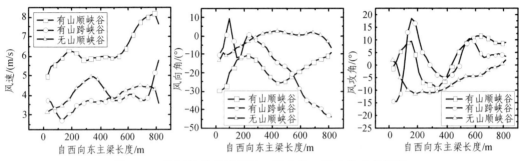

图 5.28 不同峡谷类型风速、风向角、风攻角变化情况

表 5.2 不同工况下各指标波动情况排序

工况	风速大小/（m/s）	风向角变化大小/（°）	风攻角变化大小/（°）
有山顺峡谷（40°）	（6.4）1	（20.4）2	（20.8）2
有山跨峡谷（80°）	（3.74）3	（53.6）1	（32.6）1
无山顺峡谷（220°）	（4.15）2	（17.6）3	（12.5）3

通过对表 5.2 进行分析发现：对于平均风速，当来流顺峡谷流动时，风速较大，横跨峡谷流动时，风速较小；对于风向角，有山体影响时，其值较大，无山体影响时，其值较小；对于风攻角，当来流跨越峡谷时，其值较大，顺峡谷流动时，其值较小。总之，峡谷走向和山体起伏状况是造成峡谷风场复杂多样的主要原因。

5.3.6 不同地表类型作用下峡谷桥址风场规律分析

根据地表类型的起伏状况，可将本研究所在峡谷四周地形分为 3 类，如图 5.29 所示。其中 1 号区域为陡峭山峰地形，2 号区域为少山平坦地形，3 号区域为起伏较大的丘陵地形。通过分析发现受 3 种地形影响所对应的风向角分别为 80°、220°和 320°。因此本节着重对风向角为 80°、220°和 320°风向角作用时的峡谷桥址风场进行分析。

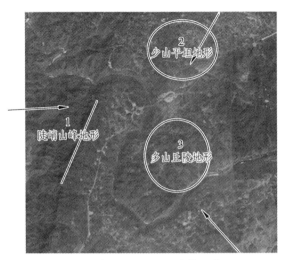

图 5.29　桥址四周不同地貌示意图

当来流风经过陡峭山峰时，整个计算域风速在东南侧和西北侧相对较高。在峡谷内部，由于受西南侧山体的影响，风速在峡谷位置竖直方向受影响区域较大，边界层较高，如图 5.30 所示。

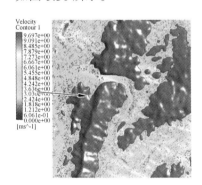 

图 5.30　陡峭地形作用下峡谷风场分布

当来流风经过平坦地区时，由于风场在流向方向没有受到干扰，风速在西北侧和东南侧体现出了较好的层次感，风速云图随来流方向呈带状分布，如图 5.31 所示。在峡谷桥址附近，由于没有受到陡峭山峰影响，在峡谷上方相比来流经过陡峭山谷情况其风速较为稳定，边界层低。

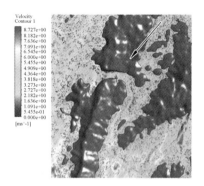 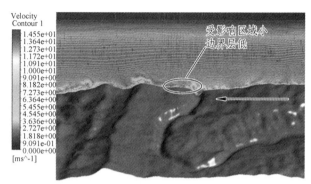

图 5.31　平坦地形作用下峡谷风场分布

　　当来流经过丘陵时，由于风速受到复杂山体的无规则干扰，使得风速分布较为紊乱，如图 5.32 所示。图中可发现在模型区域的西北角与西南角风速较大，峡谷附近由于受到山体的干扰，其上方风速分布较为复杂，无明显规律，受影响区域大，边界层高。

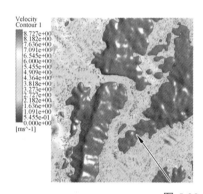 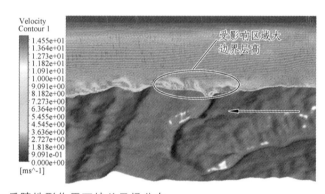

图 5.32　丘陵地形作用下峡谷风场分布

　　为定量得到不同地形作用下峡谷桥址位置的详细风场分布，通过对主梁位置的风速进行监测，得到了不同地形作用下主梁自左向右的风速分布，如图 5.33 所示。从图中可以发现，陡峭地形的平均风速相对较低，丘陵地形作用下的风速沿主梁变化较大，最大值为 6.4 m/s，而最小值只有 1.9 m/s。

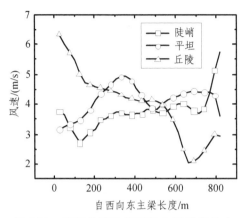

图 5.33　不同地形作用下沿主梁速度分布

　　图 5.34 给出了不同地形影响下主梁位置的风向角分布情况。其中陡峭地形影响下主梁风向角从左至右呈减小趋势；平坦地形作用下主梁风速受地形影响较小，风向角变化不大。同样，在复杂丘陵地形作用下主梁位置风向角变化梯度大，无明显规律。

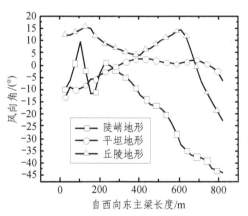

图 5.34　不同地形作用下沿主梁风向角分布

　　图 5.35 给出了不同地形影响下主梁位置的风攻角分布，其中陡峭地形作用下风攻角变化呈左负右正的趋势（主梁左侧为负，右侧为正），主要原因是在陡峭山体影响下风速首先出现下沉然后又出现爬坡现象。平坦地形作用下沿主梁方向的风攻角变化值相对较小。对于丘陵地形，由于风场受不规则山体的干扰，其风攻角变化同样无明显规律。

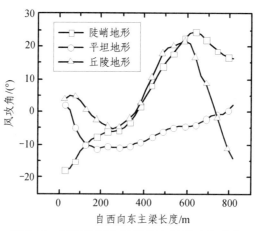

图 5.35　不同地形作用下沿主梁风攻角分布

　　同样，为得到普适性规律，对 3 种地形作用下主梁位置处的梯度风高度、风速、风向角、风攻角进行了汇总，总结了不同地形对风场参数的影响，如表 5.3 所示。从表中可以发现，当入口来流经过陡峭山峰时，峡谷上方风场受影响区域相对较高，边界层较高，风速受陡峭山体影响，背风侧出现低风速，风攻角在主梁位置呈左负右正的趋势，风向角则呈减小趋势；当入口来流经过平坦地形时，峡谷上方风场受影响区域小，边界层低，风速变化不大，风攻角与风向角变化程度相对较小；当入口来流经过丘陵地形时，峡谷上方影响区域大，边界层高，其风速、风攻角、风向角变化梯度较大，分布无明显规律。

表 5.3　不同地形作用下风场特性分布

风场参数	来流经过陡峭山谷时	来流经过平坦地形时	来流经过丘陵地形时
受影响范围与边界层	风场受影响区域大，边界层较高	风速稳定快，边界层低	风速受影响区域大，边界层高
平均风速	受山体影响峡谷风速较小	风速变化不大	风速变化梯度大，无明显规律
风攻角改变值	呈左负右正趋势	变化较小	变化无明显规律
风向角改变值	呈减小趋势	无明显变化	变化无明显规律

5.4　本章小结

本章将第 3 章和第 4 章提出的入口脉动风速生成方法和入口平均风速生成方法分别应用在澧水大桥所在的峡谷桥址处。将实际风场的平均风和脉动风通过等效处理后插值给了实际复杂地形大涡模拟的入口边界，并将数值结果与现场实测结果进行了对比，较好地处理了实际复杂地形大涡模拟入口边界的合理给定问题，研究过程中得到了以下成果和结论：

（1）通过对澧水大桥所在桥址位置盛行风分析发现：平均风速、风向角和风攻角受山体影响，沿桥址方向体现出明显的差异性，山区峡谷桥址位置的风剖面指数要明显高于公路桥梁抗风指南里面的风剖面指数，说明在该类位置的风场相比规范中所述风场要显得更为复杂；将盛行风作用下的峡谷桥址处的风速功率谱与我国规范谱进行对比发现：模拟谱在低频部分（$f < 0.1\ \mathrm{Hz}$）其值要明显低于标准谱，但是在大跨度悬索桥抗风所关心的频率段（$0.1 \sim 1\ \mathrm{Hz}$），数值模拟值要大于标准谱。因此，说明标准谱不适用于复杂山区峡谷桥址地区，如果将标准谱作为目标谱来对山区峡谷大跨度桥梁进行设计，其结果偏不安全。

（2）通过对澧水大桥所在峡谷风场的风向角进行全方位分析发现：对于平均风速，当来流顺峡谷流动时，风速较大，横跨峡谷流动时，风速较小；对于风向角，有山体影响时，其值较大，无山体影响时，其值较小；对于风攻角，当来流跨越峡谷时，其值较大，顺峡谷流动时，其值较小。总之，峡谷走向和山体起伏状况是造成峡谷风场复杂多样的主要原因。

（3）通过对不同地形作用下峡谷桥址位置的流场进行分析发现：当入口来流经过陡峭山谷时，峡谷上方风场受影响区域相对较高，边界层较高，风速受陡峭山体影响，背风侧出现低风速，风攻角在主梁位置呈左负右正的趋势，风向角则呈减小趋势；当入口来流经过平坦地形时，峡谷上方风场受影响区域小，边界层低，风速变化不大，风攻角与风向角变化程度相对较小；当入口来流经过丘陵地形时，峡谷上方影响区域大，边界层高，其风速、风攻角、风向角变化梯度较大，分布无明显规律。

第 6 章

城市复杂地形风场数值模拟与风环境评估

第 3 章与第 4 章分别介绍了大涡模拟入口边界条件中脉动风速与平均风速的给定方法，但在实际复杂地形风场数值研究过程中，除入口边界条件外，复杂下垫面的正确模拟也非常关键。在全球尺度和中尺度大气环境的数值模拟中，一般将地表粗糙高度、摩擦系数和零位移高度等参数用常数或经验公式进行等效，对其进行参数化。但对于微尺度研究，这样的参数化处理则得不到小区内部详细的流场信息，同时其精度也达不到要求。因此，在微尺度数值模拟过程中必须考虑建筑物、树木等障碍物对流场的影响，基于此原因本章将对城市冠层模型进行精细化研究。研究过程中基于 Brown 和 Santiago 等人的风洞试验，在考虑平均动能、湍动能、亚格子湍动能和耗散等因素影响后，对不同建筑密度的城市冠层沿高度方向的阻力系数进行了修正，提出了修正公式；将所提出的修正公式通过自编程序成功运用到了长沙梅溪湖小区的风环境评估中，利用多工况数值模拟得到了小区内部的详细风场分布情况。同时结合长沙地区风速的统计参数，利用 Willemsen 评估标准从定量的角度对梅溪湖小区风环境的人行舒适度和危险度进行了超越概率分析。

6.1 城市冠层阻力模型研究

本书 2.1 节介绍了大涡模拟的控制方程，从中可以得到过滤后瞬态下的空间 N-S 方程：

$$\frac{\overline{u}_i}{\partial t} + \frac{\partial \overline{u_i u_j}}{\partial x_j} = -\frac{1}{\rho} \cdot \frac{\partial \overline{p}}{\partial x_i} + \nu \frac{\partial^2 \overline{u}_i}{\partial x_j \partial x_j} + D_i \tag{6.1}$$

$$\frac{\partial \overline{u_i}}{\partial x_i} = 0 \tag{6.2}$$

式（6.1）、（6.2）分别为动量守恒方程和质量守恒方程，其中带横线上标的量表示过滤后的可解尺度量，同时，方程中也出现了不可解尺度量 $\overline{u_i u_j}$。在城市冠层中，由于复杂建筑物和地面树木、广告牌等障碍物的拖曳作用，使得近地面风场在地表粗糙度的影响下存在一定的阻力，可用 D_i 表示，定义 D_i 为地表粗糙度阻力。粗糙度阻力可以附加到控制方程中，可看作在每个体积单元内的体力，它与速度平方存在着对应关系，可表示为

$$D_i = \frac{|\overline{U}|\overline{U_i}}{L_c} \tag{6.3}$$

其中，L_c 为城市冠层阻力长度。

与此同时，在高度为 z 的位置建筑物的阻力可表示为

$$D(z) = \frac{1}{2}\rho U^2(z) c_d(z) A_f \mathrm{d}z / f \tag{6.4}$$

其中，A_f 为单元内建筑物的平均迎风面积，ρ 为空气密度，U 为风速，h 为单元内建筑群的平均高度，c_d 为阻力系数。

说明：在 z 高度处的平均体积为 $(1-\beta)A_t \mathrm{d}z$。其中，A_t 代表单元内建筑群的总占地面积，β 为单元内建筑物体占总空间的比例。因此，其总的阻力可以表示为

$$\rho D_i = \frac{1}{2}\rho \frac{c_d(z)\sum A_f}{hA_t(1-\beta)}|U|U_i \tag{6.5}$$

定义粗糙度密度 $\lambda_f = \sum A_f / A_t$，城市冠层阻力可以表示为

$$D_i = \frac{1}{2}\frac{c_d(z)\lambda_f}{h(1-\beta)}|U|U_i = \frac{|U|U_i}{L_c} \tag{6.6}$$

其中，L_c 可以表示为

$$L_c = \frac{2h(1-\beta)}{c_d(z)\lambda_f} \tag{6.7}$$

城市粗糙长度是一个基本的动力变量，它受到近地面地形和地物的影响，由于 λ_f，β，c_d 均受到建筑物形状和布局的影响，使得粗糙长度也对地形地物的影响比较敏感。

对于一实际确定的城市小区模型，其 λ_f，h，β 为常数。但如何得到其合适的阻力系数 c_d 尤为困难，下文将通过一算例对建筑群的阻力系数进行详细分析。

阻力系数是表征城市冠层阻力大小的重要参数，但阻力系数受到建筑密度、建筑迎风面积等指标的影响，很难对其进行直接量测。近年来，不少学者对阻力系数在建筑群内的分布进行了探索，取得了不错的成果。一些研究[114, 149]将城市冠层的阻力系数定义为一固定常数，但这样的处理并没有体现出阻力系数沿高度方向的变化。特别是在人居活动最为密切的近地面区域，其阻力系数与远离地面相比有着明显不同。因此，将常数作为其建议值计算结果的正确性还有待商榷。本文将对沿高度方向的阻力系数进行修正。

6.1.1 修正阻力模型理论分析

以 Brown[77]的风洞试验为研究背景对建筑群阻力系数进行分析，风洞的具体尺寸为 18.3 m × 3.7 m × 2.1 m（长×宽×高），建筑群由整齐摆放的 11×7 个正方体木块组成，尺寸为 $L = W = H = 0.15$ m，整个计算域的建筑覆盖面积 $\lambda_f = 0.25$，建筑群的尺寸与摆放如图 6.1 所示，现对第 6 排建筑群（如图 6.1 黑框区域所示）的阻力系数进行分析。

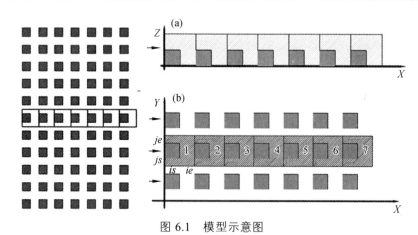

图 6.1 模型示意图

在图 6.1 中，阻力可以等效为建筑物外表面和立方体表面压力的积分，可表示为

$$\frac{1}{\rho V}\int_V \frac{\partial P}{\partial x_i}\mathrm{d}v = \frac{1}{\rho V}\int_S Pn_i\mathrm{d}s + \frac{1}{\rho V}\sum_{\substack{j=1,N\\i=i,M}}\int_{S(i,j)} Pn_i\mathrm{d}s \qquad （6.8）$$

其中，V 为网格单元的空气体积，P 为压力，S 为网格单元的外表面积，$S_{(i,j)}$ 为第（i,j）

个立方体的表面积，N 和 M 分别代表立方体的行数和列数，ρ 代表空气密度，n_i 为 i 方向标量。

利用上述公式对不同高度单个立方体进行积分可得到单个立方体的阻力，可表示为

$$D_k = \frac{1}{\rho V} \int_{S_{cube}} P n_i \mathrm{d}S = \frac{1}{\rho(\delta x \Delta y \Delta z_k - H^2 \Delta z_k)} \times \sum_{j=js,je} \left(P_{is,j,k} - P_{ie,j,k} \right) \frac{H}{N_{cube}} \delta z_k \qquad （6.9）$$

其中，$P_{is,j,k}$ 和 $P_{ie,j,k}$ 分别为所示点的压力值，js，je 表示 Y 方向的立方体的角点，is，ie 表示 X 方向立方体的角点，N_{cube} 为水平方立方体的网格数量（$N_{cube} = je - js + 1$）。假设每个区域内 $\Delta x = \Delta y = 2H$，方程（6.9）可以简化为

$$D_k = \frac{1}{\rho V} \int_{S_{cube}} P n_i \mathrm{d}s = \frac{1}{\rho 3 H N_{cube}} \sum_{j=js,je} \left(P_{is,j,k} - P_{ie,j,k} \right) \qquad （6.10）$$

为了将阻力系数进行参数化，通常将阻力形式写成

$$D_k = \alpha_k C_D U_k |U_k| \qquad （6.11）$$

其中，α_k 代表建筑密度，C_D 为阻力系数，在本节中可表示为

$$\alpha_k = \frac{H \Delta z}{\Delta x \Delta y \Delta z - H^2 \Delta z} = \frac{H \Delta z}{4 H^2 - H^2 \Delta z} = \frac{1}{3H} \qquad （6.12）$$

于是根据公式（6.10）和公式有（6.11）有

$$\frac{1}{3H} C_D H U |U| = \frac{1}{\rho 3 H N_{cube}} \sum_{J=js,je} \left(P_{is,j,k} - P_{ie,j,k} \right) \qquad （6.13）$$

可得到

$$C_D = \frac{1}{U|U| \rho N_{cube}} \sum_{j=js,je} \left(P_{is,j,k} - P_{ie,j,k} \right) \qquad （6.14）$$

将其可以改写成

$$C_D = \frac{\Delta P}{\frac{1}{2} \rho U |U|} \qquad （6.15）$$

其中，$\Delta P = \dfrac{\sum_{j=js,je} \left(P_{is,j,k} - P_{ie,j,k} \right)}{2 N_{cube}}$。

从公式（6.15）可以得知，截面的阻力系数为该位置的压强变化与动能的比值。Coceal[147, 148]和 Alberto Martilli[142]分别根据该公式得出了沿高度方向分布的阻力系数，该模型能较好地模拟 0.5 倍建筑物高度以上的阻力系数。但在人居活动最为密切的近地面区域，由于风速非常小，利用公式（6.15）计算近地面阻力会导致其数值在近地面非常大，与实际存在一些偏差。同时计算阻力系数时，由于建筑物的阻挡，使得流场在近地面出现回流，甚至会出现平均值为负值的现象。因此 Coceal 等人提出的阻力系数模型还无法适用在近地面区域。在城市冠层的近地面由于建筑群复杂多样，体现出高湍流性，以往对阻力系数的研究主要以雷诺平均方法居多，相比雷诺平均模型，利用大涡模拟其有着更好的精度。在大涡模拟过程中，为了使模型封闭，引入亚格子模型 τ_{ij}，可表示为

$$\tau_{ij} = \overline{u_i - u_i} - \overline{u}_i \overline{u}_j \tag{6.16}$$

本书采用 Smagorinsky-Lilly 亚格子模型，假定 SGS 应力形式为

$$\tau_{ij} - \frac{1}{3}\tau_{kk}\delta_{ij} = -2\mu_{tl}\overline{S}_{ij} \tag{6.17}$$

其中，$\overline{S}_{ij} = \frac{1}{2}\left(\dfrac{\partial \overline{u}_i}{\partial x_j} + \dfrac{\partial \overline{u}_j}{\partial x_i}\right)$，$\mu_{tl}$ 为亚格子尺度的湍动黏度，在 Smagorinsky-Lilly 亚格子模型中 μ_{tl} 可表示为

$$\mu_{tl} = \rho L_S^2 \left|\overline{S}\right| \tag{6.18}$$

其中，L_S 是亚格子混合长度，可表示为

$$L_S = \min(kd, C_S\Delta) \tag{6.19}$$

其中，k 是 von Kármán 常数；d 是近地面网格尺寸；C_S 是 Smagorinsky 常数，本书取值为 0.23；Δ 为网格尺寸。可按以下表达式对其进行计算：

$$\Delta = V^{1/3} \tag{6.20}$$

定义亚格子尺度耗散为

$$\varepsilon_{\mathrm{SGS}} = \tau_{ij}\overline{S}_{ij} = -2\mu_{tl}\overline{S}_{ij}\overline{S}_{ij} \tag{6.21}$$

亚格子湍动能为

$$q_{\mathrm{SGS}} = 0.66\Delta^{2/3}\varepsilon_{\mathrm{SGS}}^{2/3} \tag{6.22}$$

将亚格子湍动能和亚格子扩散表示成涡黏系数的函数，引入涡黏系数 μ_t，可以表示为

$$\mu_t = \rho L_S^2 \left| \overline{S} \right| \tag{6.23}$$

$$\varepsilon_{\mathrm{SGS}} = \tau_{ij} \overline{S}_{ij} = -2\mu_t \overline{S}_{ij} \overline{S}_{ij} = \mu_t \frac{\left| \overline{S} \right|}{2} \tag{6.24}$$

$$\varepsilon_{\mathrm{SGS}} = \frac{\mu_t^2}{2(C_S \Delta)^2} \tag{6.25}$$

$$q_{\mathrm{SGS}} = 0.66 \Delta^{\frac{2}{3}} \left(\frac{\mu_t^2}{2(C_S \Delta)^2} \right)^{\frac{2}{3}} \tag{6.26}$$

在实际的城市冠层中，近地面风场受建筑群和障碍物的阻挡，使得脉动成分大，体现出高湍流性，对其阻力系数进行分析不仅需要考虑平均动能，还需考虑风场的脉动成分。在大涡模拟过程中，湍动能（TKE）可定义为

$$v_k = \sqrt{2\langle k \rangle} \tag{6.27}$$

$$\langle k \rangle = \frac{1}{2} \left(\overline{\langle u'^2 \rangle} + \overline{\langle v'^2 \rangle} + \overline{\langle w'^2 \rangle} \right) \tag{6.28}$$

其中，u'，v'，w' 为 3 个方向上的脉动速度。

亚格子尺度耗散可定义为

$$v_{s\mathrm{SGS}} = \sqrt{2\langle \varepsilon_{\mathrm{SGS}} \rangle}$$
$$\varepsilon_{\mathrm{SGS}} = \tau_{ij} \overline{S}_{ij} = -2\mu_t \overline{S}_{ij} \overline{S}_{ij} \tag{6.29}$$

亚格子湍动能为

$$v_{q\mathrm{SGS}} = \sqrt{2\langle q_{\mathrm{SGS}} \rangle} \tag{6.30}$$

$$q_{\mathrm{SGS}} = 0.66 \Delta^{2/3} \varepsilon_{\mathrm{SGS}}^{2/3} \tag{6.31}$$

综合考虑所有能量的变化，于是公式（6.14）可以改写为

$$C_{D\mathrm{mod}} = \frac{|U|}{U \left| U^2 + v_k^2 + v_{\varepsilon\mathrm{SGS}}^2 + q_{\mathrm{SGS}}^2 \right|} \frac{1}{\rho N_{\mathrm{cube}}} \sum_{j=js,\, je} (P_{is,j,k} - P_{ie,j,k}) \tag{6.32}$$

式（6.32）为考虑平均动能、湍动能、亚格子湍动能和耗散后的阻力系数表示式，该式对传统阻力系数进行了修正，可以得到沿高度方向的阻力系数分布。实际数值模拟

过程中，将式（6.32）代入式（6.6）和式（6.7）后利用 UDF 程序将阻力表达式通过添加源项的办法赋给大涡模拟的控制方程。

6.1.2 修正阻力模型数值分析

6.1.2.1 模型介绍

为了对城市冠层阻力系数进行详细分析，继续以 Brown 等人的风洞试验为背景，对其建立 CFD 数值模型，如图 6.2 所示。

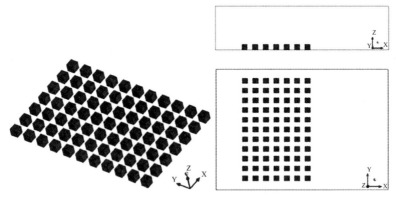

图 6.2 CFD 计算域

在数值模拟过程中，为保证计算精度，采用全六面体网格对模型进行划分，总网格数进行了无关性测试，在满足 AIJ 和 COST 准则后，数值模型在水平方向网格数为 350，展向方向为 240，高度方向为 70，总网格数为 5 880 000。在建筑群和近地面进行网格加密，其网格延伸率为 1.05，最底层网格高度为 0.005 m，如图 6.3 所示。

图 6.3 模型网格示意图

6.1.2.2　边界条件与计算参数设置

本书数值模型边界条件与 Brown 的风洞试验保持一致，入口处平均风速采用指数率公式进行表述，可表示为

$$\overline{u_{\text{ln}}}(z) = \overline{u_{\text{ref}}} \left(\frac{z}{z_{\text{ref}}} \right)^{\alpha} \tag{6.33}$$

其中，顺风向平均风速 $\overline{u_{\text{ref}}} = 3\,\text{m} \cdot \text{s}^{-1}$，参考高度 $z_{\text{ref}} = H$，指数 $\alpha = 0.16$，入口湍动能根据风洞试验测量结果如图 6.4 所示。入口边界条件采用用户自定义，地表采用无滑移边界条件，顶面采用自由滑移边界条件，侧面采用对称边界，出口采用压力出口边界；在求解方面，本文的 N-S 方程采用 PISO 方法进行求解，对流项和扩散项均采用二阶中心差分格式，用超松弛方法（SOR）求解压力 Poisson 方程。

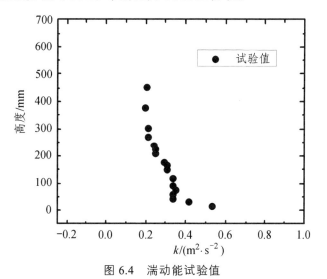

图 6.4　湍动能试验值

计算过程中，为得到详细的流场分布，对模型进行多点监测。其中，对前 6 排立方体沿高度方向的风速、风压、湍动能、亚格子耗散和亚格子湍动能进行监测，具体监测位置如图 6.5 所示。

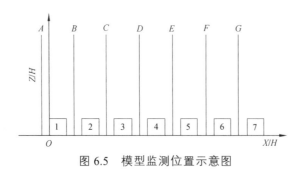

图 6.5　模型监测位置示意图

6.1.2.3　计算结果

1. 平均风剖面

建筑模型中心线上 $A \sim D$ 位置的平均风剖面计算结果如图 6.6 所示。其中，空心点为 CFD 模拟结果，实心点为风洞试验测量值。从图中可以发现数值模拟值与风洞试验值吻合良好，从而验证了本文数值模拟的正确性。同时，在图中亦可发现 A 处风剖面与指数率来流风剖面吻合较好，而 $B \sim D$ 位置风场在近地面出现了明显的波动甚至有负值出现，主要原因是 A 位置没有受到建筑群的影响而 $B \sim D$ 位置风场在近地面受到建筑群的干扰，使得平均风在近地面出现了一些偏差，这种偏差随高度的增加而减小，当高度大于 2 倍建筑物尺寸时，偏差基本趋于稳定。

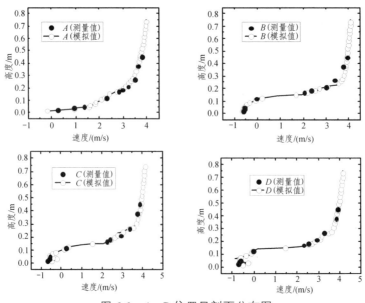

图 6.6　$A \sim D$ 位置风剖面分布图

2. 湍动能

湍动能是近地面风场脉动特性的重要指标，在城市冠层中，特别是在冠层区的近地面，相比高空其风场脉动更为剧烈，其脉动效应对近地面风压有着重要的影响，也是城市冠层人行风环境评估的重要参数。图 6.7 给出了城市冠层近地面区域的湍动能分布情况，相比于平均动能，湍动能在近地面也扮演着非常重要的角色。同时，$B \sim G$ 位置的平均湍动能在数值上有依次减小的趋势，主要是由于入口处的湍动能较大，而后续建筑群还不足以产生相同量级的湍动能，因此使得湍动能在水平方向存在一定的减小趋势。

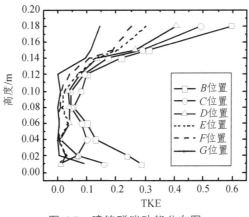

图 6.7　建筑群湍动能分布图

3. 亚格子湍动能和亚格子耗散

大涡模拟的基本思想是用 N-S 方程直接模拟湍流中的大尺度涡，而小尺度涡用亚格子模式进行封闭，求解过程可以较好地得到平均动能和湍动能等指标。但在实际数值模拟过程中，亚格子耗散和亚格子湍动能也是流场能量去向的重要组成部分。在大涡模拟过程中考虑亚格子湍动能和亚格子耗散的影响后可以更精确地对近地面阻力系数进行分析，图 6.8 给出了 Cube1-6 的亚格子湍动能和耗散沿高度方向的分布情况。

从图 6.8 可以看出，在大涡模拟过程中，亚格子的耗散在数值上要明显高于亚格子湍动能。从总体趋势来看，二者随着高度的增加而减弱，特别是亚格子耗散在近地面的峰值达到了 0.11，对于精细化的数值模拟来说，需考虑耗散对其数值模拟结果的影响。

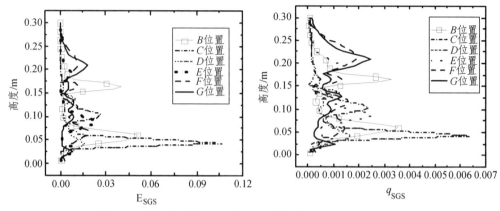

图 6.8　建筑群亚格子湍动能和亚格子耗散沿高度分布情况

利用公式（6.32）将平均动能、湍动能、亚格子耗散和亚格子湍动能等因素进行综合考虑后得到沿高度方向分布的阻力系数如图 6.9 所示。从图中可以发现，在 0.5 倍建筑物高度以上位置阻力系数的数值与 Alberto Martilli 的研究结果吻合较好，但在低于 0.5 倍建筑物高度以下，由于考虑了湍动能，亚格子耗散等因素，阻力系数相比以往研究衰减相对缓慢，对所有监测点的阻力系数取平均值，并对其进行无量纲化。其中，无量纲高度 $H_r = 0.15$ m，其结果如图 6.10 所示。

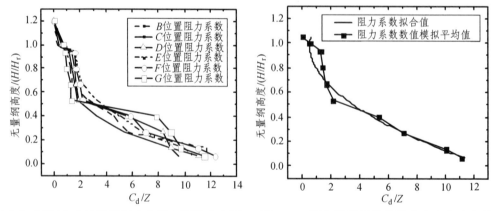

图 6.9　不同立方体沿高度方向阻力系数分布图　　图 6.10　阻力系数平均值沿高度方向分布情况

利用多项式进行拟合，得到沿高度方向的阻力系数可以表示为

$$C_d(z) = 12.87z^2 - 25.25z + 12.92 \tag{6.34}$$

其中，$0 < z < 1$，为无量纲高度。上式给出了阻力系数沿高度的分布情况，但是对于实

际城市冠层，阻力系数不仅在高度方向体现出不同，也受城市建筑密度 λ_p 的影响，图 6.11 给出了 Santiago 得到的平均阻力系数与城市建筑密度之间的关系。

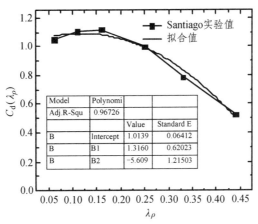

图 6.11　阻力系数拟合值

对其进行无量纲化并拟合可得

$$C_d(\lambda_p) = -5.6\lambda_p^2 + 1.31\lambda_p + 1.01 \tag{6.35}$$

将式（6.34）和式（6.35）进行综合考虑后可得到的城市冠层阻力系数可表示为

$$C_d = C_d(\lambda_p) \times C_d(z) \tag{6.36}$$

$$C_d(z) = (-5.6\lambda_p^2 + 1.31\lambda_p + 1.01) \times (12.87z^2 - 25.25z + 12.92) \tag{6.37}$$

6.2　梅溪湖国际新城风环境研究与分析

6.2.1　WRF 计算域选取与参数设置

本节以长沙梅溪湖国际新城为研究背景。梅溪湖国际新城是湖南湘江新区中心城区，位于长沙湘江西岸，东临二环线，西至黄桥大道，是人口密集的典型示范性小区。因此，本研究将梅溪湖国际新城作为研究背景对其风环境进行分析，具有重要的理论和现实意义。研究过程中首先利用中尺度气象模式 WRF 对其入口位置的平均风速进行提取，模拟中心为（112.89E，28.19N），水平方向采用五重嵌套网格。网格尺寸布置如表

6.1 所示。其中，以梅溪湖为中心，最外层网格水平范围为 2 025 km，最内层网格水平距离为 50 km，计算域垂直方向设置 50 层，其中 1 km 以下布置 13 层，第一层网格高度为 25 m。初始场选用 2015 年 10 月 25 日 12：00 时的 NCEP1°×1°再分析资料，积分时间采用 24 h。边界条件每 6 h 更新一次，每 15 min 输出一次模拟结果。在分析诊断时不考虑云和降水过程的影响，地形资料采用 NCEP 提供的全球 30 s 地形数据及 MODIS 下垫面分类资料。

表 6.1　五层网格嵌套信息

区域	网格数	网格格距/km	区域尺寸/（km×km）	时间步长/s	层数
1	50	40.5	2 025×2 025	243	50
2	91	13.5	1 228.5×1 228.5	81	50
3	161	4.5	724.5×724.5	27	50
4	181	1.5	271.5×271.5	9	50
5	101	0.5	50×50	3	50

6.2.2　LES 计算域选取与参数设置

1. 计算域选择

本节大涡模拟过程中，地形数据通过空间地理数据云进行下载，然后采用地图绘制软件 Global Mapper 做进一步处理，经过数据格式转换后可得到山体地形模型的高程信息，本文数值模拟采用实际地形尺寸，计算域大小取 11 km×9 km×2 km，如图 6.12 所示。

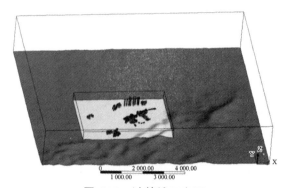

图 6.12　计算域示意图

2. 网格模型

由于模型复杂,整个 CFD 模型采用混合网格进行处理,在小区核心计算区域采用四面体网格,其余区域为六面体网格,四面体和六面体网格交界处用 Interface 边界进行连接。网格在近地面和建筑物附近进行加密,总网格数为 8 625 413,如图 6.13 所示。整个计算在 LSU 的 Super-mike 超算中心进行并行计算。

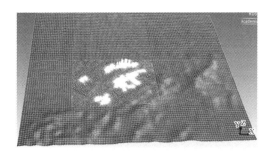

图 6.13　计算网格图

6.2.3　边界条件与计算参数设置

6.2.3.1　阻力模型

根据 6.1 节所述,将城市冠层的拖曳力用公式(6.6)进行等效。其中,$L_c = \dfrac{2h(1-\beta)}{c_d(z)\lambda_f}$,在本节研究中,平均建筑高度 h 取 25 m,最高高度取 240 m,σ_H 取 15 m,λ_f 根据 Kanda 数据库取 0.34,λ_p 为 0.17。由于梅溪湖小区的建筑几何形状基本规整,取 β 与 λ_p 相等,通过换算后可得 c_d 的近地面表达式为

$$c_d(z) = 1.01 \times \left(12.87 \times \left(\frac{a}{25}\right)^2 - 25.25 \times \left(\frac{a}{25}\right) + 12.92\right) \tag{6.38}$$

其中 h 为模拟区域高度,城市冠层粗糙长度 $L_c = \dfrac{2 \times 40(1-0.17)}{0.34 \times c_d(z)} = 195.3/c_d(z)$,其中阻力表达式 $D_i = \dfrac{c_d(z) \times |U| U_i}{195.3}$,在模拟过程中,通过 UDF 程序将阻力表达式通过添加源项的办法赋给大涡模拟的运动方程。

6.2.3.2　入口平均风剖面

对城市冠层风环境进行准确数值模拟，除阻力模型外，其入口边界条件也是影响计算结果的重要原因。与山区峡谷类似，平均风速可以通过分块多项式插值的方法获取。但由于 WRF 属于中尺度气象软件，而 CFD 为微尺度模式。两者的网格分辨率相差甚远，本节在 WRF 的最底层网格高度设置为 25 m，而 CFD 模型中近地面 25 m 的高度在整个边界层中扮演着非常重要的角色。如何给定该区域近地面的风速是对其进行准确研究的关键。在风工程领域一般用对数律风剖面对近地面风场进行描述，可表示为

$$u = \frac{u^*}{\kappa} \ln\left(\frac{z-d}{z_0}\right) \tag{6.39}$$

其中，u 为平均风速，u^* 为地表剪切速度，κ 为冯卡门常数，本书取 0.4，z_0 为地表粗糙高度，d 为零位移平面高度。在城市冠层中，复杂的建筑物对其近地面平均风速有着重要的干扰作用，对其精细化模拟需考虑建筑密度、建筑高度标准差与建筑物平均高度等因素的影响。因此，本节借助 Macdonald 方程，在考虑建筑高度、建筑密度与高度标准差后对冠层模型近地面风剖面的 z_0 和 d 进行详细分析。

1. 参数 d 分析

经典的 Macdonald 方程对粗糙度 z_0 和零位移高度 d 的描述可以表示为

$$\frac{d}{H_{\text{ave}}} = 1 + A^{-\lambda_p}(\lambda_p - 1) \tag{6.40}$$

$$\frac{z_0(\text{mac})}{H_{\text{ave}}} = \left(1 - \frac{d}{H_{\text{ave}}}\right) \exp\left[-\left\{0.5\beta\frac{C_{lb}}{\kappa^2}\left(1 - \frac{d}{H_{\text{ave}}}\right)\lambda_f\right\}^{-0.5}\right] \tag{6.41}$$

其中，C_{lb} 为立方体阻力系数；本书取 1.2；κ 为冯卡门常数；A 和 β 为优化系数，分别取 4.43 和 1.0。目前，利用 Macdonald 方程对实际冠层的零位移高度评估，由于没有考虑建筑物的最大高度和各栋建筑物的标准差，因此其准确性还有待提高。本节采用 Kanda 回归方法，对实际城市冠层的零位移高度进行修正，可表示为

$$\frac{d}{H_{\text{max}}} = c_0 X^2 + (a_0 \lambda_p^{b0} - c_0)X \tag{6.42}$$

$$X = \frac{\sigma_H + H_{\text{ave}}}{H_{\text{max}}}, \quad 0 \leqslant X \leqslant 1.0 \tag{6.43}$$

其中，a_0，b_0，c_0 为回归参数，其值分别为 1.29，0.36，-0.17。X 代表建筑群高于平均高度部分（$\sigma_H + H_{ave}$）与最大高度（H_{max}）的比值，当 X 大于 1 表示建筑群内房屋高度较为接近。相反，当 X 接近 0 的时候，说明建筑群当中存在特别高的建筑（如高塔、超高层建筑等），其高度要远远高于建筑群平均值。

2. 参数 z_0 分析

与 d 类似，根据 Macdonald 方程，城市冠层的粗糙高度 z_0 的修正方程可以表示为

$$\frac{z_0}{z_0(\text{mac})} = b_1 Y^2 + C_1 Y + a_1 \quad (6.44)$$

其中，$Y = \dfrac{\lambda_p \sigma_H}{H_{ave}}$；$b_1$，$c_1$，$a_1$ 为回归参数，其值分别为 0.71，20.21，-0.77；$z_0(\text{mac})$ 为 Macdonald 方程计算出来的粗糙高度，参数 Y 考虑了建筑密度、建筑高度标准差与建筑物平均高度的影响。

本书的入口来流是由 WRF 提供，在近地面 25 m 以内区域将数据进行对数律插值，采用非线性回归方法，利用式（6.41）~（6.43）所述公式对 Macdonald 方程进行修正，可得到修正后的 d 和 $z_0(\text{mac})$ 值分别为 8.8 m 和 1.53 m，用对数律对其近地面进行插值，可以表述为

$$u = \frac{u^*}{\kappa} ln\left(\frac{z - 8.8}{1.53}\right) \quad (6.45)$$

其中，$u^* = 0.23 \, \text{m/s}$，κ 为冯卡门常数，本书取 0.4。

上述平均风剖面在 25 m 处的风速与 WRF 模拟出来的实际风速不一定相等，为了使得 25 m 处风速与实际情况保持一致，引入修正系数 η，使得 $u_{\text{mod}} = \eta \times \dfrac{u^*}{\kappa} ln\left(\dfrac{z - 8.8}{1.53}\right)$ 在高度为 25 m 处的风速与实际情况保持一致，从而使得近地面插值结果与实际吻合更加良好。实际操作过程中，在近地面（0~25 m）人为地加了 4 排数据，地面数据赋 0 m/s，以 WRF 提供的风速为参考风速。基于上述对数律风场分布规律进行插值，分别得到 0 m、5 m、10 m 和 18 m 4 个高度处的风速值，从而考虑 25 m 内的风速分布，最后将插值后得到的风速与 WRF 所模拟的风速进行整合，利用多项式拟合的方法得到入口风速的剖面形式。

在边界条件上，本书入口采用 WRF 提供的速度场，每 10 min 更新一次边界条件，

地表采用无滑移边界，顶面采用自由滑移边界，侧面采用对称边界，出口采用压力出口。求解方面，本书的 N-S 方程采用 PISO 方法进行求解，对流项和扩散项均采用二阶中心差分格式，用超松弛方法（SOR）求解压力 Poisson 方程。

　　为验证本书所提冠层模型的正确性，在数值模拟过程中考虑了两种工况，工况 1 在模拟的 N-S 方程中添加源项考虑阻力的影响；工况 2 不考虑阻力的影响，除源项添加不同外，工况 1 和工况 2 的其他边界条件和计算参数保持一致。

6.2.4　计算结果验证

　　为验证文本数值模拟结果的正确性，在梅溪湖小区安装了 4 个手持式风速仪，用于监测当天小区内的实时风场数据。为了排除建筑物对局部风场的影响，风速仪均安装在地形相对开阔的区域，具体安装位置如图 6.14 所示，各具体检测位置如图 6.15 所示。

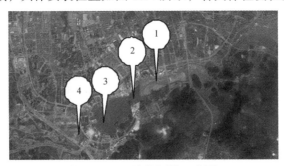

图 6.14　风速监测站示意图

观测站 1　　　　　　　　　　　　　　　观测站 2

观测站 3　　　　　　　　　　　　　　　　观测站 4

图 6.15　风速仪布置图

通过对小区 4 个位置的风速进行实时监测，得到了监测位置在 2015 年 10 月 27 日 10 点 ～ 17 点的风速时程，将现场实测数据与模拟结果进行对比，其结果如图 6.16 所示。

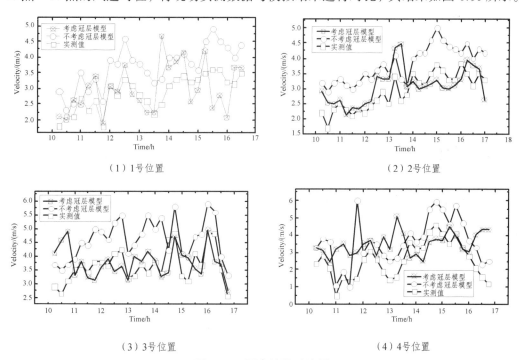

（1）1号位置　　　　　　　　　　　　　　　（2）2号位置

（3）3号位置　　　　　　　　　　　　　　　（4）4号位置

图 6.16　风速时程对比图

从图 6.16 中可以发现，不考虑冠层阻力模型的模拟风速要普遍大于考虑阻力的情况，说明城市冠层的树木，广告牌等障碍物确实对风场产生了拖曳作用，同时也验证了该等效方法的可行性。对比 1~4 号站的风速大小可以发现，在考虑冠层拖曳力后的数值模拟结果与实际情况吻合更好，基本能反映城市风场的真实流态，也再次验证了本书所提阻力模型的正确性。

6.2.5　梅溪湖国际新城风环境大涡模拟研究

上述内容对大涡模拟的城市冠层的阻力模型与近地面风剖面参数进行了研究，得到了阻力模型与风剖面参数的经验公式，并结合现场实测结果验证了所提模型的正确性。本节将继续以上节所提模型为基础对梅溪湖小区的风环境进行详细的大涡模拟研究，但上节所用模型计算域大，得不到小区内部的详细流场，为得到梅溪湖小区内部的详细流场，本节对两种不同大小的 CFD 模型进行了耦合分析。

1. 模型介绍

对于中尺度与微尺度的多尺度耦合问题，可以通过降尺的办法较好地得到平均风场，同样的思想可以用到 CFD 模型的多重嵌套。其过程中将大模型内部的监测风速作为小模型的入口边界条件，然后用多项式插值的方法得到小模型的入口边界，这样处理的优点在于大计算域网格较为粗糙，得不到建筑群内详细的流场信息，而小模型可以对小区内部的风场进行详细分析。缩尺后的小模型计算域如图 6.17（b）所示。其中，计算域大小为 4 315 m×3 111 m×950 m。由于小区模型较为复杂，整个 CFD 模型采用四面体网格进行划分，网格在近地面和建筑物附近进行加密，整个计算在路易斯安娜州立大学（LSU）的 Super-mic 超算中心进行并行计算。

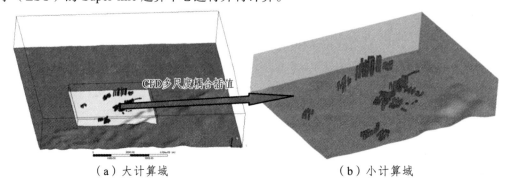

（a）大计算域　　　　　　　　　　（b）小计算域

图 6.17　CFD 多尺度耦合插值示意图

值得注意的是，这样的多尺度耦合可以较好地得到平均风速，但是其脉动风场还是无法得到较好的解决，上章中的山区峡谷脉动风场是基于现场实测数据然后利用谐波合成法进行等效。而在实际过程中，由于经济条件不允许，无法建立更多的实时监测站，因此在没有实测数据做基础的前提下，本文以日本 AIJ 规定的紊流度值作为参考，对小模型进行数值模拟。

$$I = \begin{cases} 0.1 \times (z_b / Z_G)^{-\alpha - 0.05}, & z \leqslant Z_b \\ 0.1 \times (z / Z_G)^{-\alpha - 0.05}, & Z_b < z \leqslant Z_G \\ 0.1, & z > Z_G \end{cases} \tag{6.46}$$

其中，粗糙度指数 $\alpha = 0.22$；参数 $Z_b = 10\,\mathrm{m}$，梯度风高度 Z_G 取 $400\,\mathrm{m}$。

为了对梅溪湖小区风场进行详细分析，对监测数据的风剖面进行拟合，如图 6.18 所示。利用 5.3 节中改变风向角的办法，对 8 种不同来流风向角作用下的小区内部风环境进行分析，其示意图如图 6.19 所示。

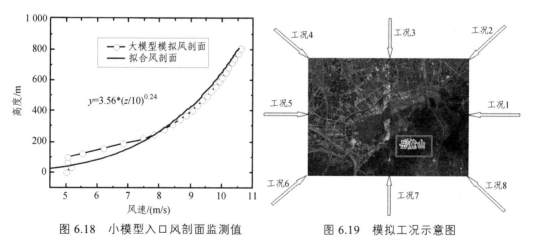

图 6.18　小模型入口风剖面监测值　　　　图 6.19　模拟工况示意图

2. 计算结果

从图 6.19 可以看出，小区的东南侧为岳麓山，地势较高，其他三面均为地势相对平坦的城区。长沙受亚热带季风气候影响，夏季吹东南风；冬季受来自西伯利亚寒流影响，吹西北风。工况 4 和工况 8 分别代表这两种主导风向的入口来流，对其进行计算得到的速度云图分别如图 6.20 和图 6.21 所示。

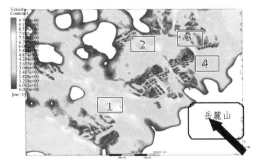
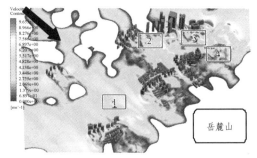

图 6.20　夏季风作用下水平方向速度云图　　　图 6.21　冬季风作用下水平方向速度云图

在梅溪湖小区里面，人居活动较多的区域为图 6.20 和图 6.21 中黑色框标识区。其中，1 号区域为观光公园所在地；2 号区域为活动广场；3 号区域有较多的商场；4 号区域是学校和一些运动场所。这些区域人口密度较大，其风环境更具代表性。通过将两种不同工况下的风速进行对比发现：1 号区域由于没受到建筑物的阻挡作用，其风速在冬季和夏季基本持平；2 号和 4 号区域在冬季风作用下的风速要明显低于夏季风，3 号区域在冬季风作用下情况恰好相反。其主要原因是夏季风越过岳麓山没受到建筑物的阻挡直接到达了 1、2、4 号区域，而冬季风作用下的 2、4 号区域由于有高密建筑群的阻挡，使得风速降低。需要引起重视的是在 3 号区域，由于受到高大建筑物的影响，在该区域的冬季风速相比其他地方有着明显增大。图 6.22 和图 6.23 分别给出了冬季和夏季主导风向作用下的小区竖直方向的速度云图。图中黑色箭头为风速来流方向，从图中亦可发现，不管是冬季风还是夏季风，在建筑物背风侧风速相比迎风侧都有明显的减小。

图 6.22　夏季风作用下竖直方向速度云图　　　图 6.23　冬季风作用下竖直方向速度云图

为了得到上述人居活动较多 4 个区域更详细的风场分布，对该区域中心位置沿高度方向的风速进行监测，得到了所有工况作用下风速剖面分布情况，如图 6.24 所示。

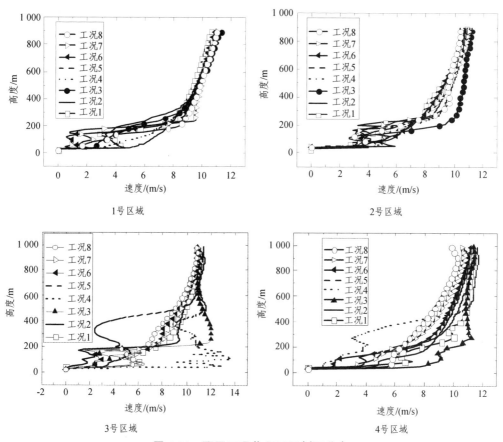

图 6.24　不同工况作用下风剖面分布

图 6.24 给出了不同工况下人居活动较多区域的风速剖面图，从图中可以发现，1、2号区域由于相对空旷，没有受到建筑物的阻挡，其风速剖面相对稳定。说明在空旷地区，不同风向角作用下风场的速度大小变化不大。但对于 3 号和 4 号区域，由于地处建筑群附近，其风场在竖直方向相比 1、2 号位置有明显不同，特别是 3 号位置，风场在近地面极其紊乱，这种现象说明了复杂建筑群给周围风场带来了较大扰动。对于 3 号位置，近地面最大风速出现在 5 号工况（即当来流风为西北风时）。此时由于高大建筑的干扰使得风场加速效应显著，应做好防风措施，以免出现风速过大引起的人行不舒适。在 3 号区域最低风速出现在 2 号工况，即当来流风为东北风时，其风速最小，这时污染物容易积聚。从图 6.24 亦可发现，在 1、2、3 号区域，当高度大于 600 m 以后，风速大小基本趋于稳定，与入口来流的风向角变化关系不大。但对于 4 号区域，其风速值不管是在近地

面还是在远离地面都存在较大的差异。其中，在近地面最大风速出现在工况 3，为正北方向，此时该区域风场没有受到阻挡；最小风速出现在 4 号工况，此时风速受到了建筑物的阻挡，风速明显变小。4 号区域在高度大于 600 m 以后风速出现的明显不一致现象主要是由于 4 号点地处岳麓山附近，当入口来流方向不同时，由于复杂的山体地形使得风速出现较大的差异。同时，从图中还可发现，当高度大于 600 m 以后，最大风速出现在工况 4，最小风速出现在工况 8，即当入口来流为西北风时，风场在高空没有受到阻挡，但来流风为东南风时，该区域正好处在岳麓山的背风侧，使得其风速较小。

总之，从上述分析可得，该小区不同区域的风场受局部地物与地貌的影响较大，在建筑群的背风侧一般风速较低，迎风侧风速较大。同时，在平坦地区，风速大小随风向角的变化差异不大，但在建筑群或山体附近，不同的风向角会产生较大差异的风速。

6.3　梅溪湖国际新城风环境超越概率评估

通过上节对 8 种不同风向角作用下的小区风环境进行分析，从数值上得到了小区内部风速的大小，但针对其数值大小并没有从定量的角度对其进行合理的评价，而如何对风环境的好坏进行定量评估一直是研究人员关注的重点与难点问题。早期研究者们[18, 176-178]将可接受风速出现的频率作为评估标准，但其计算结果的可信度较低。后来超越概率因具有较高的可信度在风环境评估方面得到了广泛的应用，如 Murakami 等[18]首次利用超越概率对东京某施工区的强风做出了评估，并指出了每天最大风速和阵风因子服从威布尔分布；Zhen Bu[179]，Bady 等人[180]也分别利用超越概率对人行风环境的空气净化率和湍流度等指标做出了分析。在国内李朝[99]、陈伏彬[181]和陈勇[182]也分别对城市小区风环境做出了超越概率分析，取得了不错的成果。但从总体研究来说，目前的研究成果还无法形成统一的规范和指南，还需要更多更广的研究来充实资料库，为以后的研究提供参考。因此，本节将以长沙梅溪湖国际小区为研究背景，利用超越概率方法对城市小区风环境进行评价。

6.3.1　超越概率理论与评判标准

对风环境好坏的评判，首先要建立风速大小和人体相互作用的关系，表 6.2 给出了由 Lawson 和 Penwarden[183]扩展的蒲福风级。从表中可以发现 4 级风可以使尘土飞扬、纸片飞动、头发吹乱，即会引起行人舒适性问题；8 级风会使得行走有危险。同时，与平均风速相比，阵风也是评估人行风环境过程中不可忽视的因素。

表 6.2　基于对地面行人作用效果的蒲福风级

蒲福风级	名称	平均风速/（m/s）	阵风风速/（m/s）	陆地地面特征
0	无风	0.0～0.1	——	静，烟直上
1	软风	0.2～1.0	——	烟能表示风向，但风向标不能动
2	轻风	1.1～2.3	——	脸部可察觉到风
3	微风	2.4～3.8	7/4	头发扰动，报纸飘动
4	和风	3.9～5.5	7/6	尘土飞扬，纸片飞动
5	清风	5.6～7.5	——	有叶的小树摇摆，内陆的水面有小波
6	强风	7.6～9.7	3/10	稳步行走困难，耳边的风令人感觉不适
7	疾风	9.8～12.0	15/3	行走不便，年老体弱者行走困难
8	大风	12.1～14.5	20/3	难以保持平衡，行走困难
9	烈风	14.6～17.1	23/3	建筑物有小损（烟囱顶部及平屋摇动）

利用超越概率对城市小区风环境进行分析主要包括两个方面，分别为人行风环境不舒适度和风危险评估，不舒适和危险"与否"可以通过超越概率的阈值来界定，"度"则可以通过超越该阈的概率大小来进行评价。

对于一实际情况，考虑阵风后的行人高度风速可以表示为

$$u_g = \bar{u} + g\sigma_u \leqslant u_{\text{limit}} \tag{6.47}$$

其中，$\bar{u}$ 为平均风速；σ_u 代表速度的根方差；g 为加速因子，不同的学者对 g 的取值有所不同；u_{limit} 为舒适度的风速阈值。对于平均风速取 $g=0$，那么超越阈值的风速概率可以表示为

$$P_{\text{excced}} \leqslant P_{\text{comfort}} \tag{6.48}$$

式中，P_{excced} 为风速超过 u_{limit} 时的超越概率，P_{comfort} 代表评价方法中超越阈值概率的限值。

确定实际风场的超越概率，需要知道该地区常年风速的概率分布。目前常用的概率模型为 Weibull 双参数分布，对于确定的风向 a_n，风速超越阈值 V_g 的发生概率为

$$P(V_{\text{exceed}} > V_g) = A(a_n) \times \exp\left\{-\left(\frac{V_g}{C(a_n)}\right)^{K(a_n)}\right\} \tag{6.49}$$

其中，$P(V_{\text{exceed}} > V_g)$ 是当速度超过阈值 V_g 时的超越概率，$A(a_n)$ 为该风向发生的频率，$C(a_n)$ 为该风向下 Weibull 分布的尺度参数，$K(a_n)$ 为形状参数。

得到目标区域的风环境超越概率后，需要对其优劣进行评判，常用的评判标准有 Michael J Soligo 标准、Force Technology-DMI 标准、Isyumov and Davenport 标准和 UWO（Canada）标准[184, 185]，目前荷兰对人居舒适性和危险度的阈值和超越概率进行了等级划分，但没有考虑阵风的影响，Bottema[186]和 Willemsen[187]在荷兰规范的原基础上考虑了阵风因素的影响，得到了较为完善的评估标准，本节也将基于 Willemsen 的评估标准对其风环境进行超越概率分析。

6.3.2　工程背景与统计资料

对风环境进行评估不仅需要知道现场风特性的分布情况，还需要知道该地区常年的风速风向的概率分布函数，常年的风速风向观测资料可以通过气象部门获得。目前可以通过气象网站进行免费下载，本书的气象资料采用美国提供的基准站数据。

通过对基准站风速数据的分析，得到了不同风向作用下长沙地区的年平均风速概率分布，如图 6.25 所示。

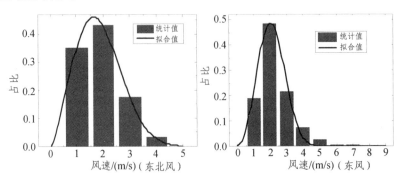

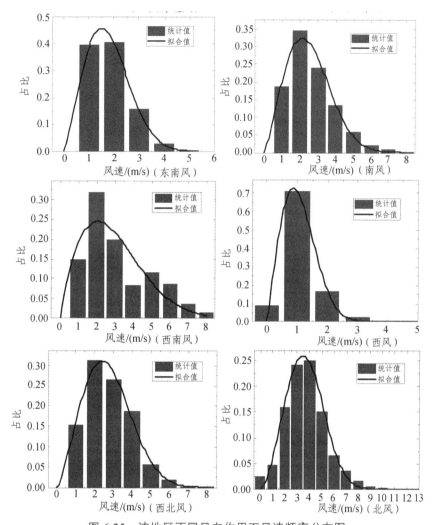

图 6.25　该地区不同风向作用下风速频率分布图

同时，将 360° 的风向分为 8 个方向进行统计，其风玫瑰图如图 6.26 所示。从图中可以发现，该地区的主导风向为北风。其中，南风、东北风和西风也占了较大的比重。采用 Weibull 分布对各风向进行分析，其拟合参数如表 6.3 所示。

从图 6.26 中可以发现，各风向作用下的风速分布都与 Weibull 分布吻合较好，拟合精度较高，不同风向作用下的平均风速分布从 1.15 m/s 到 3.72 m/s 递增，尺度参数跨度为 1.2 ~ 4.13，形状参数跨度为 1.78 ~ 2.67。

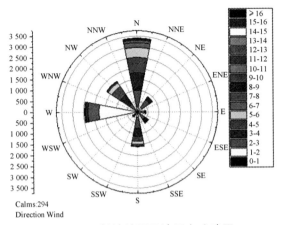

图 6.26　长沙地区风速风向玫瑰图

表 6.3　气象观测资料的统计和威布尔参数估计结果

风向	平均风速/（m/s）	频率	尺度参数	形状参数
北风	3.72	0.323 257	4.13	2.67
东北风	2.31	0.119 113	2.08	2.34
东风	1.91	0.024 062	2.18	1.99
东南风	1.85	0.049 238	2.35	2.9
南风	2.64	0.147 799	2.81	2.19
西南风	3.17	0.054 204	3.27	1.78
西风	1.15	0.197 294	1.2	2.05
西北风	2.75	0.085 032	3.07	2.31

6.3.3　数值模拟参数分析

对于实际尺寸的建筑物由于其尺寸庞大，一般都属于高雷诺数流动（一般都超过了临界雷诺数 3.6×10^6），而在这种流动中当风速波动范围较小时，流场结构变化非常微小，即不同来流风速作用下得到的无量纲相差不大，于是将风速比作为描述建筑物周围风场的指标，可定义为

$$R(a_n) = \frac{V_g}{V(a_n)} \tag{6.50}$$

其中，V_g 为监测点位置行人高度处的等效风速；$V(a_n)$ 为参考风速，此处为数值模拟入口同一高度的平均风速。

需要指出的是，本书所模拟位置的场地类别为 C 类地表，而监测站的风速为 B 类地表，于是需要将风速进行转换，转化后的风速可以表述为

$$V_{10}^{B} = V_{10}^{C} \cdot \left(\frac{400}{10} \right)^{0.22} \cdot \left(\frac{350}{10} \right)^{-0.16} = 1.275 \cdot V_{10}^{C} \tag{6.51}$$

其中，B 和 C 的梯度高度分别为 350 m 和 400 m，粗糙度指数分别为 0.22 和 0.16，从上式可以发现，观测站风速为模拟区域风速的 1.275 倍，对于 1.5 m 高的人行高度风环境，建筑物场地与观测站 10 m 高度的风速站存在以下关系：

$$V_{10}^{B} = 1.275 \cdot \left(\frac{10}{1.5} \right)^{0.22} \cdot \overline{u} = 1.935 \cdot \overline{u} \tag{6.52}$$

由式（6.52）可以得到评估位置风速阈值与观测站的风速存在以下关系：

$$V_{O,g} = \frac{1.935}{R(a_n)} V_g \tag{6.53}$$

将式（6.53）代入式（6.49）并求和可以得到

$$P(V_{\text{exceed}} > V_g) = \sum_{n=0}^{7} A(a_n) \times \exp\left\{ -\left(\frac{V_{O,g}}{C(a_n)} \right)^{K(a_n)} \right\} \tag{6.54}$$

于是可以得到各风向角作用下任意位置风速的超越概率分布情况。

6.3.4　计算结果分析

通过对不同风向角作用下的小区模型进行计算，得到了各不同工况作用下的速度云图和速度流线图，如图 6.27 所示。

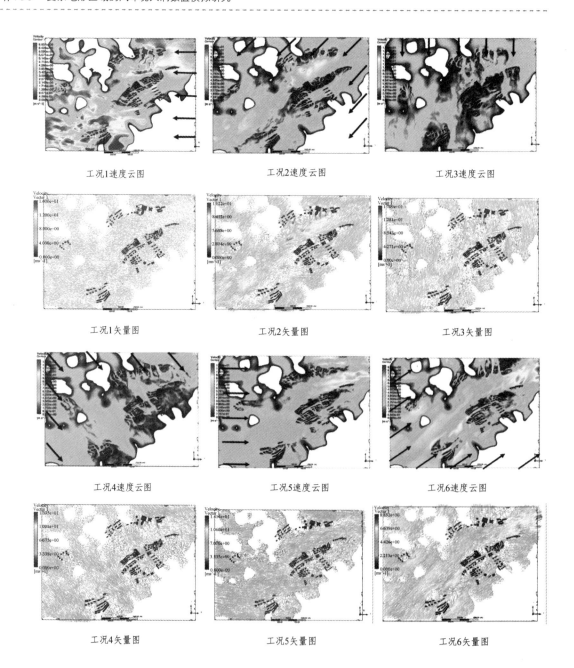

工况1速度云图   工况2速度云图   工况3速度云图

工况1矢量图   工况2矢量图   工况3矢量图

工况4速度云图   工况5速度云图   工况6速度云图

工况4矢量图   工况5矢量图   工况6矢量图

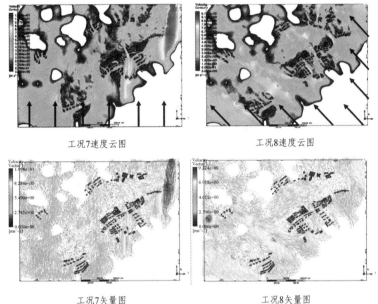

图 6.27　不同风向角作用下风速云图和速度矢量图

从图 6.27 可以发现，不同风向角作用下的风速在不同区域体现出了明显差异，风速流线图走向基本与入口来流方向保持一致，由于山体和建筑群的干扰作用，风场在小区内部变化较大，在通风廊道和高大建筑物附近风速较大，在建筑物后侧的背风区风速相对较小。图 6.27 从定性的角度对小区的风环境做出了分析，为了定量分析小区建筑物周围的风环境，在建筑物周围建立了 74 个监测点，如图 6.28 所示。

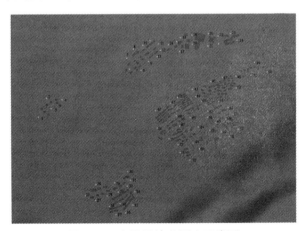

图 6.28　小区风速监测点示意图

　　对监测点进行风速的超越概率分析，须知道每个位置风速加速因子的分布情况，不同风向作用下的风速加速因子示意图如图 6.29 所示。从图中可以发现，加速因子和风速云图存在着对应关系，得到各点的加速因子后分别对建筑群周围的风环境和危险度的超越概率进行了分析。

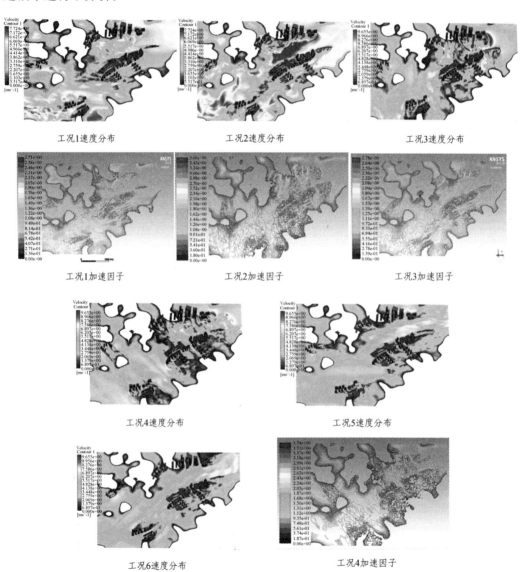

工况1速度分布　　　　　　　　工况2速度分布　　　　　　　　工况3速度分布

工况1加速因子　　　　　　　　工况2加速因子　　　　　　　　工况3加速因子

工况4速度分布　　　　　　　　　　　　　工况5速度分布

工况6速度分布　　　　　　　　　　　　工况4加速因子

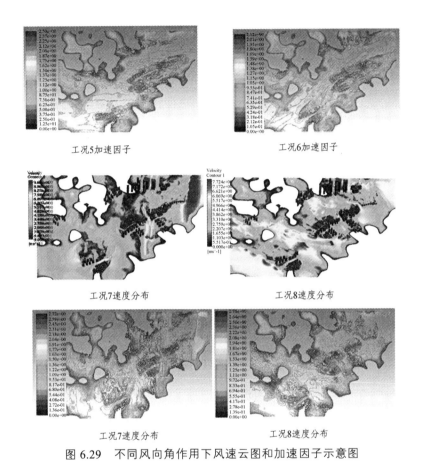

图 6.29　不同风向角作用下风速云图和加速因子示意图

最后，计算风环境超越概率时，等效风速可以换算为与湍流强度的关系，可表示为

$$\tilde{u}_g = u_g(1 + gI_i) \tag{6.55}$$

其中，g 为峰值因子，I 为湍流强度。

通过对各点的风环境进行超越概率分析，取峰值因子 $g = 1$，$V_{exceed} = 5\ \text{m/s}$，得到的各点舒适性超越概率如表 6.4 所示。

表 6.4 各监测点舒适性超越概率

编号	超越概率/%	编号	超越概率/%	编号	超越概率/%	编号	超越概率/%
1	22.850 37	21	41.585 04	41	4.683 472	61	8.732 385
2	2.078 548	22	47.830 04	42	2.167 468	62	23.358 32
3	22.896 3	23	5.961 424	43	14.59	63	12.15
4	5.492 916	24	0.241 125	44	15.182 04	64	15.932 11
5	0	25	22.231 1	45	18.926 43	65	7.778 932
6	0.073 285	26	11.729 84	46	2.522 137	66	5.859 169
7	62.767 08	27	8.736 544	47	3.091 377	67	0.978 509
8	0.027 842	28	11.648 2	48	7.391 133	68	15.819 41
9	2.956 473	29	9.939 44	49	17.079 19	69	29.217 69
10	6.994 278	30	33.601 58	50	26.484 08	70	28.396 45
11	21.316 96	31	20.512 52	51	4.699 566	71	21.544 71
12	11.629 2	32	19.161 56	52	20.250 04	72	20.814 06
13	12.538 69	33	20.308 57	53	12.888 61	73	17.450 81
14	0	34	7.143 441	54	1.113 4 08	74	10.668 94
15	0	35	9.999 799	55	6.277 012		
16	0	36	0	56	18.699 93		
17	0	37	0	57	0.918 889		
18	12.194 13	38	0.155 745	58	0		
19	19.293 25	39	0	59	0.023 679		
20	54.783 78	40	3.525 661	60	2.766 306		

从计算结果显示,超越概率大的区域出现在建筑群外侧,风环境较差的地方为 1、3、7、20、21、22、25、30、31、50、52、69、70、71、72 等位置。对应图 6.29 可以发现,这些点基本分布在建筑群的外侧,同时 20、21、22 这些区域由于建筑物过高容易引起风

场的加速作用，因此需要在建筑群四周和高层建筑附近植入植被从而改善风环境。

对小区风环境的危险度进行分析，取峰值因子 $g=3$，$V_{exceed}=15\,\mathrm{m/s}$，得到的各点超越概率如表 6.5 所示。

表 6.5　各监测点危险度超越概率

编号	超越概率	编号	超越概率	编号	超越概率	编号	超越概率
1	2.2910E-08	21	7.1E-07	41	1.09E-09	61	5.87E-09
2	1.45E-11	22	1.22E-06	42	1.45E-11	62	4.95E-08
3	1.73E-07	23	1.09E-09	43	1.32E-08	63	1.84E-07
4	1.97E-09	24	1.7E-17	44	2.69E-08	64	5E-07
5	2.35E-72	25	1.91E-07	45	9.7E-08	65	1.09E-09
6	3.06E-19	26	1.28E-07	46	3.31E-11	66	3.45E-09
7	1.19E-40	27	8.43E-09	47	6.3E-12	67	3E-13
8	2.94E-20	28	7.79E-09	48	9.74E-09	68	1.84E-07
9	7.01E-13	29	1.47E-09	49	1.82E-08	69	1.22E-06
10	9.74E-09	30	6.15E-06	50	3.67E-07	70	2.77E-07
11	1.59E-06	31	5.02E-07	51	1.57E-11	71	2.16E-07
12	1.84E-07	32	2.62E-07	52	9.04E-08	72	5.02E-07
13	7.84E-09	33	8.76E-08	53	6.96E-09	73	2.77E-07
14	7.18E-35	34	1.13E-09	54	3.64E-14	74	3.76E-08
15	2.46E-30	35	8.92E-07	55	5.99E-10		
16	2.46E-30	36	2.55E-21	56	9.15E-08		
17	2.55E-21	37	4.28E-22	57	3E-13		
18	6.96E-09	38	8.38E-17	58	3.57E-40		
19	1.26E-07	39	1.1E-106	59	7.39E-20		
20	7.54E-07	40	1.51E-10	60	6.97E-13		

　　从表 6.5 可以发现，小区内部危险度超越概率最大值为 1.59e-6，出现在 11 号点位置，但远小于危险度超越概率的下限值 5e-4，因此该小区风环境并不危险。

6.4　本章小结

　　本章以城市冠层为研究对象，对其阻力系数、粗糙高度和零位移高度做出了修正；用实际小区模型验证了修正模型的正确性，最后用超越概率模型对一实际小区进行了风环境评估，得到了以下成果和结论。

　　（1）将大涡模拟中的平均动能、湍动能、亚格子耗散和亚格子湍动等因素进行综合考虑后，得到了沿高度方向分布的近地面阻力系数；考虑了建筑密度对阻力系数的影响，并用多项式拟合的方法得到了不同建筑密度作用下沿高度方向的阻力系数分布经验公式；结合 Manabu Kanda 的数据库利用非线性回归方法对 MacDonald 提出的城市粗糙高度和零位移粗糙长度经验公式进行了修正。

　　（2）建立了梅溪湖国际新城小区 CFD 模型，利用多尺度耦合的方法得到小区的平均风入口边界条件，并将本文所得的冠层阻力模型、粗糙高度和零位移粗糙长度等经验公式通过自编程序赋给大涡模拟的运动方程。最后通过对比现场实测数据，验证了本章所提参数的正确性。

　　（3）对梅溪湖小区风环境进行了数值模拟，通过分析发现：建筑群的风环境在其背风侧一般风速较低，迎风侧风速较大。同时，在平坦地区，风速大小随风向角的变化差异不大，但在建筑群或山体附近，不同的风向角会产生较大差异的风速。同时，对整个小区进行了超越概率分析发现，风环境舒适性较差的地方一般出现在建筑群外侧和超高建筑物附近，对于危险度评估，该小区风环境没有出现危险情况。

第 7 章
结论与展望

7.1 主要研究结论

本书对复杂地形风场数值研究的几何模型、入口边界条件和城市冠层阻力模型等相关问题进行了研究，其研究内容和结论主要包括以下几个方面：

（1）对目前复杂地形风环境数值模拟进行了综述。

结合目前复杂地形风环境数值模拟的研究现状，对其研究过程中的湍流模型、几何建模、入口和下垫面边界条件等问题进行了文献综述。总结了前人的研究成果并指出了目前研究的不足，并提出了解决现有不足的相应对策。

（2）建立了复杂地形数值模拟的高效建模流程。

对三维模型建立过程中的地形数据提取、计算域裁剪、曲面逆向拟合和地物对接等问题进行了研究，得到了复杂地形数值模拟的高效建模流程。同时，对计算域高度和计算域水平距离的选取原则进行了分析。其结论表明：CFD 复杂地形建模过程中计算域在高度方向尺寸可以采用最高山体高程的 7~8 倍；水平方向数千米长度的复杂地表还不足以产生与大气实际情况相符的边界层风场，如果要对复杂地形模型进行更精细化的分析，须在入口处施加更为合理的平均风场和脉动风场。

（3）提出了基于谐波合成法的大涡模拟入口脉动风场生成方法，并成功应用在小区风环境和污染物扩散等领域。

以脉动风速的功率谱、相关性、风剖面等为参数，运用谐波合成方法生成了满足目标风场湍流特性的随机序列数；基于对 FLUENT 平台进行二次开发，将生成的随机序列数与大涡模拟的入口边界进行无缝对接；建立了两种模拟脉动风场的数值风洞，一为没有任何障碍物的空风洞，其入口边界（脉动）用谐波合成法生成，二为与真实风洞一致的尖劈粗糙元风洞，其入口边界为平均风。通过对比两种数值风洞的计算结果验证了所提脉动生成方法的准确性和高效性，并将该方法成功应用在城市风环境和污染物扩散等领域，其结果显示本书所提脉动入口的模拟结果相比常规入口在速度均方根、湍流度、污染物浓度等方面具有明显优势。同时还发现强风和高湍动能一般出现在主流风向作用下的廊道内，会引起人行高度风环境不舒适问题。弱风一般出现在建筑物背风区，将会导致污染物得不到很好的扩散，影响居民身心健康。

（4）提出了基于 WRF 的大涡模拟入口平均风场生成方法。

基于中尺度气象软件 WRF，利用降尺耦合的方法获取了山区峡谷入口处的中尺度速度场；将该速度按地形起伏状况进行分块，并建立各块平均风场随空间位置变化的多项式；利用该表达式借助 UDF 程序生成大涡模拟的入口边界。该方法较好地解决了"人为峭壁"引起的入口不合理问题，并将该方法成功运用到实际峡谷桥址处的风速、风向角等风场参数的预测，其模拟结果与现场实测值吻合良好。

（5）给出了一种模拟实际山区地形风场的入口边界条件的输入方法，得到了澧水大桥所在峡谷风场特性的分布规律。

在数值模拟入口相对应的实际位置建立了风速监测系统，实测脉动风时程并对其进行谱分析，根据功率谱相等原则利用谐波合成法生成了山区入口处的脉动风场；将脉动风与平均风综合考虑后应用在山区大涡模拟的入口边界，较好地解决了风场多尺度耦合过程中的脉动量降尺问题。并对实际山区地形进行了多工况模拟，其结果表明：山区峡谷桥址位置的平均风、风向角和风攻角受地形影响较大；相比于我国规范的 D 类地表，山区峡谷地形的风剖面指数和功率谱幅值都明显偏高，如果将 D 类地表的风场参数作为峡谷地形大跨度桥梁的设计标准，其结果偏不安全。通过对澧水大桥所在峡谷风场的风向角进行全方位分析发现，对于平均风速，当来流顺峡谷流动时，风速较大，横跨峡谷流动时，风速较小；对于风向角，有山体影响时，其值较大，无山体影响时，其值较小；对于风攻角，当来流跨越峡谷时，其值较大，顺峡谷流动时，其值较小。总之，峡谷走向和山体起伏状况是造成峡谷风场复杂多样的主要原因。同时，对来流经过不同地形时的峡谷风场进行分析发现：当入口来流经过陡峭山峰时，峡谷上方风场受影响区域相对较高，边界层较高，风速受陡峭山体影响，背风侧出现低风速，风攻角在主梁位置呈左负右正的趋势，风向角则呈减小趋势；当入口来流经过平坦地形时，峡谷上方风场受影响区域小，边界层低，风速变化不大，风攻角与风向角变化程度相对较小；当入口来流经过丘陵地形时，峡谷上方影响区域大，边界层高，其风速、风攻角、风向角变化梯度较大，分布无明显规律。

（6）建立了沿高度方向分布的城市冠层阻力模型，得到了梅溪湖小区风场特性的详细分布，并利用超越概率对其风环境进行了评估。

　　基于 Brown 和 Santiago 等人的风洞试验，在考虑平均动能、湍动能、亚格子湍动能和耗散等因素后，对不同建筑密度的城市冠层沿高度方向的阻力系数进行了修正，提出了修正公式。通过修改源项的方法将阻力修正模型赋给大涡模拟的控制方程，并成功运用到一实际小区的数值模拟中，其结果与现场实测风场吻合良好。同时，以长沙梅溪湖小区为研究对象，对长沙地区全年风速风向进行统计，得到了不同风向作用下风速 Weibull 分布的形状参数与尺度参数，随后利用超越概率对小区内部风环境舒适度和危险度进行了分析，并用 Willemsen 评估标准从定量的角度对梅溪湖小区风环境进行了评价。其风环境研究结论表明小区不同位置的风场受局部地物与地貌的影响较大，在建筑群的背风侧一般风速较低，迎风侧风速较大。在平坦地区，风速大小随风向角的变化差异不大，但在建筑群或山体附近，不同的风向角会产生较大差异的风速。超越概率研究结论表明：风环境舒适性较差的地方一般出现在建筑群外侧和超高建筑物附近，危险度问题没有出现在该小区中。

7.2　进一步的研究展望

　　本书对复杂地形风环境数值模拟的几何建模、入口边界和城市下垫面阻力模型等方面进行了研究，取得了一定的成果。但由于时间和条件的限制，仍存在一些问题需要对其进行更深入长的研究：

　　（1）几何建模效率与精度的进一步提高。

　　几何模型是复杂地形风环境数值模拟的基础与载体，也是影响城市冠层阻力的重要因素。而目前高精度地形模型数据的获取还较为困难，城市内部绿化和广告牌等地面障碍物模型的精细化建立还无法实现，这些问题给复杂地区风环境数值模拟带来了较大的局限性。如何更进一步提高几何模型的精度与几何建模效率对复杂风环境研究有着重要意义。

　　（2）大涡模拟谱合成方法的高频风场无法捕捉和入口流场不连续等问题有待进一步解决。

　　大涡模拟计算过程中风场的高频部分受小尺度涡影响，而实际过程中小尺度涡受网格过滤的影响，一般用亚格子模型进行等效，因此使得数值模拟过程中这些小尺度作用的高频信息无法捕捉，会出现高频衰减问题。同时，利用谱方法生成的入口脉动风场由于其风速为离散数据，使得风场在每一时间步长内都存在跳跃现象，从而流场在入口处不连续，该问题同样也会对高频部分的计算结果带来影响。因此，大涡模拟对高频风场的准确模拟还没有得到较好解决，亟待提出一种能较好模拟高频风场的数值方法。

（3）中尺度模式与CFD模式相互耦合插值的精度有待更进一步提升。

目前风场多尺耦合插值的针对性研究还相对较少，现有研究中平均风速一般采用线性插值模式，使得风速在入口位置并不平滑，需要通过一定距离的发展才能生成较为合理的风场。更重要的是目前还没有较好的脉动风速插值方法，将现场实测与数值模拟方法结合运用来获取脉动风场其代价昂贵、工序复杂，无法得到广泛运用，因此，对于多尺度耦合技术的插值研究还有待进一步的加深，急需提出一种较为合理的脉动风场插值方法。

（4）现场实测数据库建立工作的进一步完善。

现场实测是验证数值计算结果正确性最为直接的方法，可为数值模拟的参数选择提供宝贵的数据支撑，而目前我国对复杂地形风场的实测工作还相对较少，现有有限的实测资料还不足以提炼出规律性的风场分布，数值模拟过程中可参考的数据还非常匮乏。因此，仍需通过大量实测数据来丰富复杂山区风场特性的数据库，从而更进一步地对数值模型与计算参数进行优化。

（5）风环境评估规范和指南建立工作的进一步实现。

风环境与居民身心健康、绿色环保、污染物扩散等因素息息相关，而风环境评估还没有得到广大居民的重视，更没有形成明文规范和指南。目前对其评估的方法主要以定量为主，针对性的定性研究还相当缺乏。因此，迫切需要广大研究人员对风环境进行研究，丰富评估理论与方法，急需建立具有约束力的风环境评估规范和指南。

参考文献

[1] Toshiaki Ichinose. Regional warming related to land use change during recent 135 years in Japan[J]. Journal of global environment engineering, 2003, 9: 19-39.

[2] Richard M Aynsley. Politics of pedestrian level urban wind control[J]. Building and environment, 1989, 24(4): 291-295.

[3] K Jerry Allwine,Joseph H Shinn,Gerald E Streit,et, al. Overview of URBAN 2000: A multiscale field study of dispersion through an urban environment[J]. Bulletin of the American Meteorological Society, 2002, 83(4): 521.

[4] Allwine K J, Leach M J, Stockham L W, et al. Overview of Joint Urban 2003: an atmospheric dispersion study in Oklahoma City[C]. 2004.

[5] Belcher SE. URGENT Air Science Project, UWERN urban meteorology program[C]. European Commission, 2002.

[6] Franke J. Recommendations of the COST action C14 on the use of CFD in predicting pedestrian wind environment[J]. JWE, 2006:529-532.

[7] Arnold S J, Apsimon H, Barlow J, et al. Introduction to the DAPPLE Air Pollution Project.[J]. Science of the Total Environment, 2004, 332(1–3): 139-153.

[8] Britter R E, Hanna S R. Flow and dispersion in urban areas [J]. Fluid Mechanics, 2003, 35(35):469-496.

[9] Carpenter P, Locke N. Investigation of wind speeds over multiple two-dimensional hills[J]. Journal of Wind Engineering & Industrial Aerodynamics, 1999, 83(1-3): 109-120.

[10] Dutt A J. Wind flow in an urban environment[J]. Environmental Monitoring & Assessment, 1991, 19(1-3):495-506.

[11] Franke J, Krüs H W, Wright N G, et al. Recommendations on the use of CFD in predicting

pedestrian wind environment[C]. 2004.

[12] Gousseau P, Blocken B, Stathopoulos T, et al. CFD simulation of near-field pollutant dispersion on a high-resolution grid: A case study by LES and RANS for a building group in downtown Montreal[J]. Atmospheric Environment, 2010, 45(2):428-438.

[13] Hui M C H, Larsen A, Xiang H F. Wind turbulence characteristics study at the Stonecutters Bridge site: Part I—Mean wind and turbulence intensities[J]. Journal of Wind Engineering & Industrial Aerodynamics, 2009, 97(1): 22-36.

[14] Kossmann M, Corsmeier U V B, Fiedler F, et al. Aspects of the convective boundary layer structure over complex terrain[J]. Atmospheric Environment, 1998, 32(7): 1323-1348.

[15] Kubota T, Miura M, Tominaga Y, et al. Wind tunnel tests on the relationship between building density and pedestrian-level wind velocity: Development of guidelines for realizing acceptable wind environment in residential neighborhoods[J]. Building & Environment, 2008, 43(10):1699-1708.

[16] Li. C G, Chen. Z Q, Zhang. Z T, et al. Wind tunnel modeling of flow over mountainous valley terrain[J]. Wind and Structures, 2010, 13(3): 275-292.

[17] Miao S G, Jiang W M, Wang X Y, et al. Impact Assessment of Urban Meteorology and the Atmospheric Environment Using Urban Sub-Domain Planning[J]. Boundary-Layer Meteorology, 2006, 118(1):133-150.

[18] Murakami S, Iwasa Y, Morikawa Y. Study on acceptable criteria for assessing wind environment at ground level based on residents' diaries[J]. Journal of Wind Engineering & Industrial Aerodynamics, 1986, 24(1):1-18.

[19] Neophytou M, Gowardhan A, Brown M. An inter-comparison of three urban wind models using Oklahoma City Joint Urban 2003 wind field measurements[J]. Journal of Wind Engineering & Industrial Aerodynamics, 2011, 99(4):357-368.

[20] 陈德江，石碧青，谢壮宁. 某高层建筑风环境风洞试验研究[J]. 汕头大学学报（自然科学版），2002，17(1): 74-80.

[21] 陈政清，李春光，张志田，等. 山区峡谷地带大跨度桥梁风场特性试验[J]. 实验流体力学，2008，22(3):54-59.

[22] 关吉平，任鹏杰，周成，等. 高层建筑行人高度风环境风洞试验研究[J]. 山东建筑大学学报，2010，25(1): 21-25.

[23] 胡峰强. 山区风特性参数及钢桁架悬索桥颤振稳定性研究[D].上海: 同济大学，2006.

[24] 李会知. 某高层建筑行人高度风环境试验研究[J]. 郑州工业大学学报，1999，20(4): 36-38.

[25] 庞加斌，宋锦忠，林志兴. 山区峡谷桥梁抗风设计风速的确定方法[J]. 中国公路学报，2008，21(5): 39-44.

[26] 王勋年，李征初. 建筑物行人高度风环境风洞试验研究[J]. 流体力学实验与测量，1999，13(1): 54-58.

[27] 朱乐东，任鹏杰，陈伟，等. 坝陵河大桥桥位深切峡谷风剖面实测研究[J]. 实验流体力学，2011，25(4): 15-21.

[28] 都桂梅. 几种典型布局住宅小区风环境数值模拟研究[D]. 长沙:湖南大学，2009.

[29] 庞加斌. 沿海和山区强风特性的观测分析与风洞模拟研究 [D]. 上海: 同济大学，2006.

[30] 周恒，罗纪生，王新军. 层流—湍流转捩的"breakdown"过程的内在机理[J]. 近代空气动力学研讨会论文集，2005.

[31] 郭晓东. 直接数值模拟与大涡模拟后台阶湍流流动 [D]. 南京: 南京航空航天大学，2007.

[32] 傅德熏. 可压缩湍流直接数值模拟[M]. 北京：科学出版社，2010.

[33] 崔桂香，许春晓，张兆顺. 湍流大涡数值模拟进展[J]. 空气动力学学报，2004，22(2): 121-129.

[34] 尤学一，李莉. 污染源对建筑小区影响的数值模拟[J]. 环境科学研究，2006，19(3): 13-17.

[35] 王宝民，刘辉志，桑建国，等. 大风条件下城市冠层流场模拟[J]. 大气科学，2003，

27(2): 255-264.

[36] 汪光焘，王晓云，苗世光，等. 大气环境数值模拟在城市小区规划中的应用[J]. 清华大学学报 (自然科学版)，2006，46(9): 1489-1494.

[37] 苗世光，王晓云，蒋维楣，等. 城市小区规划对大气环境影响的评估研究[J]. 高原气象，2007，26(1): 92-97.

[38] Baik J J, Park S B, Kim J J. Urban Flow and Dispersion Simulation Using a CFD Model Coupled to a Mesoscale Model[J]. Journal of Applied Meteorology & Climatology, 2009, 48(8):1667-1681.

[39] 李磊，张立杰，张宁，等. FLUENT 在复杂地形风场精细模拟中的应用研究[J]. 高原气象，2010，29(3): 621-628.

[40] 李永乐，蔡宪棠，唐康，等. 深切峡谷桥址区风场空间分布特性的数值模拟研究[J]. 土木工程学报，2011，44(2): 116-122.

[41] 祝志文，张士宁，刘震卿，等. 桥址峡谷地貌风场特性的 CFD 模拟[J]. 湖南大学学报（自然科学版），2011，38(10): 13-17.

[42] Xie Z T. Modelling Street-Scale Flow and Dispersion in Realistic Winds—Towards Coupling with Mesoscale Meteorological Models[J]. Boundary-Layer Meteorology, 2011, 141(1):53-75.

[43] Dejoan A, Santiago J L, Martilli A, et al. Comparison Between Large-Eddy Simulation and Reynolds-Averaged Navier–Stokes Computations for the MUST Field Experiment. Part II: Effects of Incident Wind Angle Deviation on the Mean Flow and Plume Dispersion[J]. Boundary-Layer Meteorology, 2010, 135(1):133-150.

[44] Ronald Calhoun,Frank Gouveia,Joseph Shinn,et, al. Flow around a complex building: Comparisons between experiments and a Reynolds-averaged Navier-Stokes approach[J]. Journal of Applied Meteorology, 2004, 43(5): 696-710.

[45] Deardorff J W. The Use of Subgrid Transport Equations in a Three-Dimensional Model of Atmospheric Turbulence[J]. Journal of Fluids Engineering, 1973, 95(3):429-438.

[46]   Furusawa T, Tamura T, Tsubokura M, et al. LES of spatially-developing stable/unstable stratified turbulent boundary layers[J]. Jwe 日本风工学研究会志, 2003, 95:19-20.

[47]   Tamura T. Towards practical use of LES in wind engineering[J]. Journal of Wind Engineering & Industrial Aerodynamics, 2008, 96(10–11):1451-1471.

[48]   Noda H, Nakayama A. Reproducibility of flow past two-dimensional rectangular cylinders in a homogeneous turbulent flow by LES[J]. Journal of Wind Engineering & Industrial Aerodynamics, 2003, 91(1–2):265-278.

[49]   Kondo K, Murakami S, Mochida A. Generation of velocity fluctuations for inflow boundary condition of LES[J]. Journal of Wind Engineering & Industrial Aerodynamics, 1997, 67(97): 51-64.

[50]   Tominaga Y, Mochida A, Murakami S, et al. Comparison of various revised k – ε, models and LES applied to flow around a high-rise building model with 1:1:2 shape placed within the surface boundary layer[J]. Journal of Wind Engineering & Industrial Aerodynamics, 2008, 96(4):389-411.

[51]   Baba-Ahmadi M H, Tabor G. Inlet conditions for LES using mapping and feedback control[J]. Computers & Fluids, 2009, 38(6):1299-1311.

[52]   朱伟亮, 杨庆山. 基于 LES 模型的近地脉动风场数值模拟[J]. 工程力学, 2010, (9): 17-21.

[53]   Kumar P, Ketzel M, Vardoulakis S, et al. Dynamics and dispersion modelling of nanoparticles from road traffic in the urban atmospheric environment—A review[J]. Journal of Aerosol Science, 2011, 42(9):580-603.

[54]   Wyszogrodzki A A, Miao S, Chen F. Evaluation of the coupling between mesoscale-WRF and LES EULAG models for simulating fine-scale urban dispersion[J]. Atmospheric Research, 2012, 118(3):324-345.

[55]   Tamura T, Okuno A, Sugio Y. LES analysis of turbulent boundary layer over 3D steep hill covered with vegetation[J]. Journal of Wind Engineering & Industrial Aerodynamics, 2007,

95(95):1463-1475.

[56]　Tominaga Y, Stathopoulos T. Numerical simulation of dispersion around an isolated cubic building: Model evaluation of RANS and LES[J]. Building & Environment, 2010, 45(10):2231-2239.

[57]　张宁,蒋维楣. 建筑物对大气污染物扩散影响的大涡模拟[J]. 大气科学, 2006, 30(2): 212-220.

[58]　Sada K, Sato A. Numerical calculation of flow and stack-gas concentration fluctuation around a cubical building[J]. Atmospheric Environment, 2002, 36(35):5527-5534.

[59]　Xie Z, Castro I P. LES and RANS for Turbulent Flow over Arrays of Wall-Mounted Obstacles[J]. Flow, Turbulence and Combustion, 2006, 76(3):291-312.

[60]　Kanda M, Moriwaki R, Kasamatsu F. Large-Eddy Simulation of Turbulent Organized Structures within and above Explicitly Resolved Cube Arrays[J]. Boundary-Layer Meteorology, 2004, 112(2):343-368.

[61]　Hanna S R, Tehranian S, Carissimo B, et al. Comparisons of model simulations with observations of mean flow and turbulence within simple obstacle arrays[J]. Atmospheric Environment, 2002, 36(32):5067-5079.

[62]　Shi R F, Cui G X, Xu C X, et al. Large Eddy Simulation of the Wind Field and Pollution Dispersion in Building Array[J]. Atmospheric Environment, 2008, 42(6):1083-1097.

[63]　Boppana V B L, Xie Z T, Castro I P. Large-Eddy Simulation of Dispersion from Surface Sources in Arrays of Obstacles[J]. Boundary-Layer Meteorology, 2010, 135(3):433-454.

[64]　Xie Z T, Coceal O, Castro I P. Large-Eddy Simulation of Flows over Random Urban-like Obstacles[J]. Boundary-Layer Meteorology, 2008, 129(1):1-23.

[65]　Patnaik G, Boris J P, Young T R, et al. Large Scale Urban Contaminant Transport Simulations With Miles[J]. Journal of Fluids Engineering, 2007, 129(12):1524-1532.

[66]　Camelli F E, Löhner R, Hanna S R. Dispersion Patterns In A Heterogeneous Urban Area[J]. Mecnica Computacional, 2005(7):1339-1354.

[67]   Tseng Y H, Meneveau C, Parlange M B. Modeling flow around bluff bodies and predicting urban dispersion using large eddy simulation.[J]. Environmental Science & Technology, 2006, 40(8):2653-2662.

[68]   Bou-Zeid E, Overney J, Rogers B D, et al. The Effects of Building Representation and Clustering in Large-Eddy Simulations of Flows in Urban Canopies[J]. Boundary-Layer Meteorology, 2009, 132(3):415-436.

[69]   Xie Z T, Castro I P. Large-eddy Simulation For Flow And Dispersion In Urban Streets[J]. Atmospheric Environment, 2009, 43(13):2174-2185.

[70]   刘玉石. 城市大气微环境大涡模拟研究[D]. 北京: 清华大学， 2012.

[71]   蒋维楣，苗世光. 大涡模拟与大气边界层研究—30 年回顾与展望[J]. 自然科学进展，2004, 14(1): 11-19.

[72]   Coirier W J, Kim S, Coirier W J, et al. CFD Modeling for Urban Area Contaminant Transport and Dispersion: Model Description and Data Requirements[C]. Sixth Symposium of the Urban Environment, 2006.

[73]   Barth M C, Leung D Y C, Liu C H. Large-Eddy Simulation of Flow and Pollutant Transport in Street Canyons of Different Building-Height-to-Street-Width Ratios[J]. Journal of Applied Meteorology, 2004, 43(10):1410-1424.

[74]   Cheng W C, Liu C H. Large-eddy simulation of turbulent transports in urban street canyons in different thermal stabilities[J]. Journal of Wind Engineering & Industrial Aerodynamics, 2010, 99(4):434-442.

[75]   Li X X, Britter R E, Koh T Y, et al. Large-Eddy Simulation of Flow and Pollutant Transport in Urban Street Canyons with Ground Heating[J]. Boundary-Layer Meteorology, 2010, 137(2):187-204.

[76]   Zhang Y W, Gu Z L, Cheng Y, et al. Effect of real-time boundary wind conditions on the air flow and pollutant dispersion in an urban street canyon—Large eddy simulations[J]. Atmospheric Environment, 2011, 45(20):3352-3359.

[77] Gu Z L, Zhang Y W, Cheng Y, et al. Effect of uneven building layout on air flow and pollutant dispersion in non-uniform street canyons[J]. Building & Environment, 2011, 46(12):2657-2665.

[78] 吴志军，黄震，谢拯，等. 城市街道峡谷机动车污染物扩散的模拟研究[J]. 吉林大学学报（工学版），2002，32(2): 28-32.

[79] Li X X, Liu C H, Leung D Y C, et al. Recent progress in CFD modelling of wind field and pollutant transport in street canyons[J]. Atmospheric Environment, 2006, 40(29):5640-5658.

[80] Yuandong Huang,Xiaonan Hu,Ningbin Zeng. Huang YD, Hu X, Zeng NB. Impact of wedge-shaped roofs on airflow and pollutant dispersion inside urban street canyons[J]. Building & Environment, 2009, 44(12):2335-2347.

[81] Guo, X. J, Shum, et al. Perfect rpp semigroups[J]. Communications in Algebra, 2006, 29(6):2447-2459.

[82] Du L, Shum K P. On left C-wrpp semigroups[J]. Semigroup Forum, 2003, 67(3):373-387.

[83] Fountain J. Abundant Semigroups[J]. Proceedings of the London Mathematical Society, 1982, 44(1):103-129.

[84] Davidson M J, Mylne K R, Jones C D, et al. Plume dispersion through large groups of obstacles—A field investigation[J]. Atmospheric Environment, 1995, 29(22):3245-3256.

[85] 汤国安. 我国数字高程模型与数字地形分析研究进展[J]. 地理学报，2014，69(9): 1305-1325.

[86] 李成名，王继周，马照亭. 数字城市三维地理空间框架原理与方法[M]. 北京：科学出版社，2008.

[87] 汤国安，刘学军，房亮，等. DEM 及数字地形分析中尺度问题研究综述[J]. 武汉大学学报（信息科学版），2006，31(12): 1059-1066.

[88] 杨昕，汤国安，刘学军，等. 数字地形分析的理论、方法与应用[J]. 地理学报，2010，64(9): 1058-1070.

[89]　吴艳兰，胡海，胡鹏，等. 数字高程模型误差及其评价的问题综述[J]. 武汉大学学报（信息科学版），2011，36(5): 568-574.

[90]　岳天祥. 地球表层建模研究进展[J]. 遥感学报，2011，15(6):1105-1124.

[91]　王家耀，崔铁军，苗国强. 数字高程模型及其数据结构[J]. 海洋测绘，2004，24(3): 1-4.

[92]　柯正谊，何建邦. 数字地面模型[M]. 北京：中国科学技术出版社，1993.

[93]　汤国安，李发源，刘学军. 数字高程模型教程[M]. 北京：科学出版社，2010.

[94]　陈玲. 基于 CAD 和 Creator 的城市规划三维快速建模方法研究[J]. 江苏省测绘学会 2011 年学术年会论文集，2011.

[95]　Cheng E，Shang J. Kinematic flow model based extreme wind simulation[J]. Journal of Wind Engineering & Industrial Aerodynamics，1998，77(5):1-11.

[96]　季亮，谭洪卫，阪田升. 基于地理信息系统 (GIS) 的区域风环境模拟技术的开发与应用[J]. 暖通空调，2008，38(1): 2-6.

[97]　胡朋，李永乐，廖海黎. 山区峡谷桥址区地形模型边界过渡段形式研究[J]. 空气动力学学报，2013，31(2): 231-238.

[98]　刘熠. 山区峡谷桥址处风场特性实测研究与数值模拟[D]. 长沙:长沙理工大学，2014.

[99]　李朝，肖仪清，滕军，等. 基于超越阈值概率的行人风环境数值评估[J]. 工程力学，2012，29(12): 15-21.

[100]　张玥. 西部山区谷口处桥位风特性观测与风环境数值模拟研究 [D]. 西安: 长安大学，2009.

[101]　程雪玲，胡非，崔桂香，等. 街区污染物扩散的数值研究[J]. 城市环境与城市生态，2004，(4): 1-4.

[102]　徐洪涛. 山区峡谷风特性参数及大跨度桁梁桥风致振动研究 [D]. 成都: 西南交通大学，2009.

[103]　Maurizi A, Palma J M L M, Castro F A. Numerical simulation of the atmospheric flow in a mountainous region of the North of Portugal[J]. Journal of Wind Engineering & Industrial Aerodynamics, 1998, s 74–76(2):219-228.

[104] Liu Y S, Miao S G, Zhang C L, et al. Study on micro-atmospheric environment by coupling large eddy simulation with mesoscale model[J]. Journal of Wind Engineering & Industrial Aerodynamics, 2012, s 107–108(8):106-117.

[105] 崔桂香,张兆顺,许春晓,等. 城市大气环境的大涡模拟研究进展[J]. 力学进展，2013，43(3): 295-328.

[106] 王晓君，马浩. 新一代中尺度预报模式(WRF)国内应用进展[J]. 地球科学进展，2011，26(11):1191-1199.

[107] Mochida A, Iizuka S, Tominaga Y, et al. Up-scaling CWE models to include mesoscale meteorological influences[J]. Journal of Wind Engineering & Industrial Aerodynamics, 2010, 99(4):187–198.

[108] Ashie Y, Kono T. Urban-scale CFD analysis in support of a climate-sensitive design for the Tokyo Bay area[J]. International Journal of Climatology, 2011, 31(2):174–188.

[109] Castro F A, Santos C S, Costa J C. Development of a meso-microscale coupling procedure for site assessment in complex terrain[J]. EWEA - European Wind Energy Association, 2010:1-10.

[110] Tewari M, Kusaka H, Chen F, et al. Impact of coupling a microscale computational fluid dynamics model with a mesoscale model on urban scale contaminant transport and dispersion[J]. Atmospheric Research, 2010, 96(4):656-664.

[111] Kunz R, Khatib I, Moussiopoulos N. Coupling of mesoscale and microscale models—an approach to simulate scale interaction[J]. Environmental Modelling & Software, 2000, 15(6-7):597-602.

[112] Liu Y S, Cui G X, Wang Z S, et al. Large eddy simulation of wind field and pollutant dispersion in downtown Macao[J]. Atmospheric Environment, 2011, 45(17):2849-2859.

[113] Xie Z T, Castro I P. Efficient Generation of Inflow Conditions for Large Eddy Simulation of Street-Scale Flows[J]. Flow, Turbulence and Combustion, 2008, 81(3):449-470.

[114] 崔桂香，史瑞丰，王志石，等. 城市大气微环境大涡模拟研究[J]. 中国科学: G 辑，

2008，38(6): 626-636.

[115] Tabor G R, Baba-Ahmadi M H. Inlet conditions for large eddy simulation: A review[J]. Computers & Fluids, 2010, 39(4):553-567.

[116] Michael M R,Robert D M. The three-dimensional evolution of a plane mixing layer: the Kelvin–Helmholtz rollup[J]. Journal of Fluid Mechanics, 1992, 243: 183-226.

[117] Kim J, Moin P, Moser R. Turbulence statistics in fully developed channel flow at low Reynolds number[J]. Journal of Fluid Mechanics, 1987, 177(177):133-166.

[118] 朱伟亮. 基于大涡模拟的 CFD 入口条件及脉动风压模拟研究[D]. 北京: 北京交通大学，2011.

[119] 王婷婷，杨庆山. 基于 FLUENT 的大气边界层风场 LES 模拟[J]. 计算力学学报，2012，29(5): 734-739.

[120] Mathey F, Cokljat D, Bertoglio J P, et al. Assessment of the vortex method for Large Eddy Simulation inlet conditions[J]. Progress in Computational Fluid Dynamics An International Journal, 2006, 6(1-3):58-67(10).

[121] Maruyama T, Morikawa H. Numerical simulation of wind fluctuation conditioned by experimental data in turbulent boundary layer[C]. 1994:573-578.

[122] Cao S, Wang T, Ge Y, et al. Numerical study on turbulent boundary layers over two-dimensional hills — Effects of surface roughness and slope[J]. Journal of Wind Engineering & Industrial Aerodynamics, 2012, s 104–106(s 104–106):342–349.

[123] Castro H G, Paz R R. A time and space correlated turbulence synthesis method for Large Eddy Simulations[J]. Journal of Computational Physics, 2013, 235(4):742-763.

[124] Cheng H, Castro I P. Near Wall Flow over Urban-like Roughness[J]. Boundary-Layer Meteorology, 2002, 104(2):229-259.

[125] Hémon P, Santi F. Simulation of a spatially correlated turbulent velocity field using biorthogonal decomposition[J]. Journal of Wind Engineering & Industrial Aerodynamics, 2007, 95(1):21-29.

[126] Huang S H, Li Q S, Wu J R. A general inflow turbulence generator for large eddy simulation[J]. Journal of Wind Engineering & Industrial Aerodynamics, 2010, 98(10–11):600-617.

[127] Iwatani Y. Simulation of multidimensional wind fluctuating having any arbitrary power spectra and cross spectra[J]. 1982, 1982(11):5-18.

[128] Hiroto K, Minoru M. Numerical flow computation around aeroelastic 3D square cylinder using inflow turbulence[J]. Wind & Structures An International Journal, 2002, 5(2_3_4):379-392.

[129] Keating A, Piomelli U, Balaras E, et al. A priori and a posteriori tests of inflow conditions for large-eddy simulation[J]. Physics of Fluids (1994-present), 2004, 16(12):4696-4712.

[130] Kraichnan R H. Diffusion by a Random Velocity Field[J]. 1970, 13(1):22-31.

[131] Nozawa K, Tamura T. Large eddy simulation of the flow around a low-rise building immersed in a rough-wall turbulent boundary layer[J]. Journal of Wind Engineering & Industrial Aerodynamics, 2002, 90(10):1151-1162.

[132] Shinozuka M, Yun C B, Seya H. Stochastic methods in wind engineering[J]. Journal of Wind Engineering & Industrial Aerodynamics, 1990, 36(90):829-843.

[133] Yan B W, Li Q S. Inflow turbulence generation methods with large eddy simulation for wind effects on tall buildings[J]. Computers & Fluids, 2015, 116:158-175.

[134] Rixin Yu,Xue-Song Bai. A fully divergence-free method for generation of inhomogeneous and anisotropic turbulence with large spatial variation[J]. Journal of Computational Physics, 2014, 256: 234-253.

[135] SmirnovA, ShiS,CelikI. Random flow generation technique for large eddy simulations and particle-dynamics modeling[J]. Journal of Fluids Engineering, 2001, 123(2): 359-371.

[136] 张楠. 基于多孔介质模型的城市滨江大道风环境数值模拟研究[D]. 长沙: 中南大学, 2005.

[137] Collier C G. John C. Wyngaard, 2010. Turbulence in the Atmosphere, Cambridge

University Press, Cambridge, UK. ISBN 978-0-521-88769-4, 393 PP[J]. Meteorological Applications, 2011, 18(1):123-123.

[138] Xue M, Droegemeier K K, Wong V. The Advanced Regional Prediction System (ARPS) – A multi-scale nonhydrostatic atmospheric simulation and prediction model. Part I: Model dynamics and verification[J]. Meteorology and Atmospheric Physics, 2000, 76(3):143-165.

[139] Skamarock W C, Klemp J B, Dudhia J, et al. A Description of the Advanced Research WRF Version 2[J]. AVAILABLE FROM NCAR; P.O. BOX 3000; BOULDER, CO, 2005, 88:7-25.

[140] Brown M J, Lawson R E, Al E. COMPARISON OF CENTERLINE VELOCITY MEASUREMENTS OBTAINED AROUND 2D AND 3D BUILDING ARRAYS IN A WIND TUNNEL[C]. International Society of Environmental Hydraulics Conf. 2001:4162-4164.

[141] Macdonald R W, Griffiths R F, Hall D J. An improved method for the estimation of surface roughness of obstacle arrays[J]. Atmospheric Environment, 1998, 32(11):1857-1864.

[142] Martilli A, Santiago J L. CFD simulation of airflow over a regular array of cubes. Part II: analysis of spatial average properties[J]. Boundary-Layer Meteorology, 2007, 122(3): 635-654.

[143] Santiago J L, Coceal O, Martilli A, et al. Variation of the Sectional Drag Coefficient of a Group of Buildings with Packing Density[J]. Boundary-Layer Meteorology, 2008, 128(3): 445-457.

[144] Kanda M, Inagaki A, Miyamoto T, et al. A New Aerodynamic Parametrization for Real Urban Surfaces[J]. Boundary-Layer Meteorology, 2013, 148(2):357-377.

[145] Huang J, Cassiani M, Albertson J D. The Effects of Vegetation Density on Coherent Turbulent Structures within the Canopy Sublayer: A Large-Eddy Simulation Study[J]. Boundary-Layer Meteorology, 2009, 133(2):253-275.

[146] Bohrer Gil,Gabriel G Katul,Robert L Walko,et, al. Exploring the effects of microscale

structural heterogeneity of forest canopies using large-eddy simulations[J]. Boundary-layer meteorology, 2009, 132(3): 351-382.

[147] Belcher SE, Jerram N, Hunt JCR. Adjustment of a turbulent boundary layer to a canopy of roughness elements[J]. Journal of Fluid Mechanics, 2003, 488: 369-398.

[148] [Coceal O,Belcher SE. A canopy model of mean winds through urban areas[J]. Quarterly Journal of the Royal Meteorological Society, 2004, 130(599): 1349-1372.

[149] [Coceal O, Thomas TG, Castro IP,et, al. Mean flow and turbulence statistics over groups of urban-like cubical obstacles[J]. Boundary-Layer Meteorology, 2006, 121(3): 491-519.

[150] [Hagishima Aya,Tanimoto Jun, Nagayama Koji,et, al. Aerodynamic parameters of regular arrays of rectangular blocks with various geometries[J]. Boundary-Layer Meteorology, 2009, 132(2): 315-337.

[151] [Fue-Sang Lien,Eugene Yee. Numerical Modelling of the Turbulent Flow Developing Within and Over a 3-D Building Array, Part I: A High-Resolution Reynolds-Averaged Navier-Stokes Approach[J]. Boundary-Layer Meteorology, 2004, 112(3): 427-466.

[152] 张兆顺. 湍流大涡数值模拟的理论和应用[M]. 北京：清华大学出版社, 2008.

[153] Lilly D K. A proposed modification of the Germano subgrid scale closure method[J]. Physics of Fluids A: Fluid Dynamics (1989-1993), 1992, 4(4):633-633.

[154] [Sung Eun Kim. Large eddy simulation using unstructured meshes and dynamic subgrid-scale turbulence models[C]. AIAA paper, 2004.

[155] [Smagorinsky J. GENERAL CIRCULATION EXPERIMENTS WITH THE PRIMITIVE EQUATIONS[J]. Monthly Weather Review, 1963, 91(3):99-164.

[156] [Erlebacher G, Hussaini M Y, Speziale C G, et al. Toward the large-eddy simulation of compressible turbulent flows[J]. Journal of Fluid Mechanics, 1992, 238(238):155-185.

[157] [Hinze J O. Turbulence: An Introduction to Its Mechanism and Theory[M]. Mcgraw-Hill Book Company,Inc, 1959.

[158] [Germano M. Turbulence - The filtering approach[J]. Journal of Fluid Mechanics, 1992,

238(238):325-336.

[159]　[Inc A. ANSYS Academic Research, Release 14.5[J]. 2013.

[160]　[Global Mapper Version 9.0 Software[J]. Colorado, Parker, 2009,

[161]　[Tominaga Y, Mochida A, Yoshie R, et al. AIJ guidelines for practical applications of CFD to pedestrian wind environment around buildings[J]. Journal of Wind Engineering & Industrial Aerodynamics, 2008, 96(10-11):1749-1761.

[162]　沈炼，韩艳，蔡春声，等. 山区峡谷桥址处风场实测与数值模拟研究[J]. 湖南大学学报（自然科学版），2016，43(7): 16-24.

[163]　Ding QS, Shu LD, Xiang HF. Simulation of stationary Gaussian stochastic wind velocity field[J]. Wind & Structures An International Journal, 2006, 9(3):231-243.

[164]　Paola M D. Digital simulation of wind field velocity[J]. Journal of Wind Engineering & Industrial Aerodynamics, 1998, s 74–76(2):91-109.

[165]　Chen Z Q, Han Y, Hua X G, et al. Investigation on influence factors of buffeting response of bridges and its aeroelastic model verification for Xiaoguan Bridge[J]. Engineering Structures, 2009, 31(2):417-431.

[166]　Deodatis G. Simulation of Ergodic Multivariate Stochastic Processes[J]. Journal of Engineering Mechanics, 1996, 122(8):778-787.

[167]　庞加斌,林志兴. 边界层风洞主动模拟装置的研制及实验研究[J]. 实验流体力学, 2008, 22(03): 80-85.

[168]　Ferreira AD, Sousa ACM,Viegas DX. Prediction of building interference effects on pedestrian level comfort[J]. Journal of Wind Engineering and Industrial Aerodynamics, 2002, 90(4): 305-319.

[169]　沈炼，韩艳，蔡春声，等. 不同入口边界条件对建筑群污染物扩散影响的数值研究[J]. 铁道科学与工程学报，2015(5):1136-1142.

[170]　沈桐立，田永祥，葛孝贞，等. 数值天气预报[M]. 北京：气象出版社，2003.

[171]　Kessler E. On the distribution and continuity of water substance in atmospheric

circulation[J]. Meteor Monogr, 1969, 32.

[172] 吴伟. 基于 CloudSat 及 MODIS 卫星云产品对 GRAPES 全球模式和 WRF 模式云微物理方案的对比检验[D]. 兰州:兰州大学，2011.

[173] Laprise R. The Euler Equations of Motion with Hydrostatic Pressure as an Independent Variable[J]. Monthly Weather Review, 1992, 120(1):197-208.

[174] Haltiner G, Williams R, Haltiner G, et al. Numerical Prediction and Dynamic Meteorology[M]. (new york), 1980.

[175] 邢婷. 基于 WRF 模式和 SVM 方法的杨梅山风电场短期风电功率预报技术研究[D]. 南京: 南京信息工程大学，2014.

[176] Hunt J C R, Poulton E C, Mumford J C. The effects of wind on people; New criteria based on wind tunnel experiments[J]. Building & Environment, 1976, 11(1):15-28.

[177] Penwarden A D, Wise A F E. Wind environment around buildings[J]. 1975.

[178] Ohba M, Kobayashi N, Murakami S. Study on the assessment of environmental wind conditions at ground level in a built-up area - based on long-term measurements using portable 3-cup anemometers-[J]. Journal of Wind Engineering & Industrial Aerodynamics, 1988, 28(1-3):129-138.

[179] Bu Z, Kato S, Ishida Y, et al. New criteria for assessing local wind environment at pedestrian level based on exceedance probability analysis[J]. Building & Environment, 2009, 44(7):1501-1508.

[180] Bady M, Kato S, Ishida Y, et al. Exceedance probability as a tool to evaluate the wind environment of urban areas[J]. Wind & Structures An International Journal, 2008, 11(6):455-478.

[181] 陈伏彬，李秋胜，吴立. 基于超越阈值概率的城市综合体行人高度风环境试验研究[J]. 工程力学，2015，32(10): 169-176.

[182] 陈勇，王旭，楼文娟，等. 超越概率阈值风环境评价标准分析[J]. 华中科技大学学报（自然科学版）2011，39(10): 103-107.

[183] Cambridge University Press. PROCEEDINGS OF THE FOURTH INTERNATIONAL CONFERENCE ON WIND EFFECTS ON BUILDINGS AND STRUCTURES, HEATHROW, 1975 (CONT)[J]. 1977.

[184] Koss H H. On differences and similarities of applied wind comfort criteria[J]. Journal of Wind Engineering & Industrial Aerodynamics, 2006, 94(11):781-797.

[185] Soligo M J, Irwin P A, Williams C J, et al. A comprehensive assessment of pedestrian comfort including thermal effects[J]. Journal of Wind Engineering & Industrial Aerodynamics, 1998, 77(98):753-766.

[186] [Bottema M. A method for optimisation of wind discomfort criteria[J]. Building & Environment, 2000, 35(1):1-18.

[187] [Willemsen E, Wisse J A. Design for wind comfort in The Netherlands: Procedures, criteria and open research issues[J]. Journal of Wind Engineering & Industrial Aerodynamics, 2007, 95(9):1541-1550.

[188] 张亮亮，吴波，杨阳，等. 山区桥址处 CFD 计算域的选取方法[J]. 土木建筑与环境工程，2015（5）:11-17.